新农村建设实用技术丛书

双低油菜高产新技术

科学技术部中国农村技术开发中心

组织编写

中国农业科学技术出版社

图书在版编目（CIP）数据

双低油菜高产新技术/张春雷编著. —北京：中国农业科学技术出版社，2006

（新农村建设实用技术丛书）

ISBN 978-7-80233-020-7

Ⅰ. 双… Ⅱ. 张… Ⅲ. 油菜—蔬菜园艺 Ⅳ. S634.3

中国版本图书馆 CIP 数据核字（2006）第 089087 号

责任编辑 张孝安
责任校对 贾晓红 康苗苗
整体设计 孙宝林 马 钢

出版发行 中国农业科学技术出版社
北京市中关村南大街 12 号 邮编：100081
电 话 （010）68919704（发行部）（010）68919708（编辑室）
（010）68919703（读者服务部）
传 真 （010）68975144
网 址 http://www.castp.cn
经 销 者 新华书店北京发行所
印 刷 者 北京雅艺彩印有限公司
开 本 850 mm×1168 mm 1/32
印 张 2.75
字 数 61 千字
版 次 2006 年 8 月第 1 版 2008 年 4 月第 2 次印刷
印 数 5 001 ~8 000 册
定 价 6.00 元

版权所有 · 侵权必究

《新农村建设实用技术丛书》
编辑委员会

主　　任： 刘燕华

副 主 任： 杜占元　吴远彬　刘　旭

委　　员：（按姓氏笔画排序）

方智远　王　喆　石元春　刘　旭
刘燕华　朱　明　余　健　吴远彬
张子仪　李思经　杜占元　汪懋华
赵春江　贾敬敦　高　潮　曹一化

主　　编： 吴远彬

副 主 编： 王　喆　李思经

执行编辑：（按姓氏笔画排序）

于双民　马　钢　文　杰　王敬华
卢　琦　卢兵友　史秀菊　刘英杰
朱清科　闫庆健　张　凯　沈银书
林聚家　金逸民　胡小松　胡京华
赵庆惠　袁学国　郭志伟　黄　卫
龚时宏　翟　勇

《双低油菜高产新技术》编写人员

张春雷　编著

张春雷

男，1960 年 4 月出生，中国农业科学院油料作物研究所副研究员，作物生理与可持续农业研究室主任。1988 年 9 月至 1991 年 7 月就读于西北农业大学基础课部植物生物化学专业，获硕士学位。1997 年 7 月毕业于南京农业大学农学系植物生理专业，获理学博士学位。曾在中国科学院水土保持研究所从事旱作农业和小麦抗旱机理研究。

主持国家自然科学基金项目 2 项、主持和参加“十五”国家科技攻关、农业部农业结构调整、湖北省科技攻关等项目 4 项，获奖成果 1 项，鉴定成果 2 项。发表论文 25 篇。

序

丹心终不改，白发为谁生。科技工作者历来具有忧国忧民的情愫。党的十六届五中全会提出建设社会主义新农村的重大历史任务，广大科技工作者更加感到前程似锦、责任重大，纷纷以实际行动担当起这项使命。中国农村技术开发中心和中国农业科学技术出版社经过努力，在很短的时间里就筹划编撰了《社会主义新农村建设系列科技丛书》，这是落实胡锦涛总书记提出的“尊重农民意愿，维护农民利益，增进农民福祉”指示精神又一重要体现，是建设新农村开局之年的一份厚礼。贺为序。

新农村建设重大历史任务的提出，指明了当前和今后一个时期“三农”工作的方向。全国科学技术大会的召开和《国家中长期科学技术发展规划纲要》的发布实施，树立了我国科技发展史上新的里程碑。党中央国务院做出的重大战略决策和部署，既对农村科技工作提出了新要求，又给农村科技事业提供了空前发展的新机遇。科技部积极响应中央号召，把科技促进社会主义新农村建设作为农村科技工作的中心任务，从高新技术研究、关键技术攻关、技术集成配套、科技成果转化和综合科技示范等方面进行了全面部署，并启动实施了新农村建设科技促进行动。编辑出版《新农村建设系列科技丛书》正是落实农村科技工作部署，把先进、实用技术推广到农村，为新农村建设提供有力科技支撑的一项重要举措。

这套丛书从三个层次多侧面、多角度、全方位为新农村建设提供科技支撑。一是以广大农民为读者群，从现代农业、农村社区、城镇化等方面入手，着眼于能够满足当前新农村建设中发展生产、乡村建设、生态环境、医疗卫生实际需求，编辑出版《新农村建设实用技术丛书》；二是以县、乡村干部和企业为读者群，着眼于新农村建设中迫切需要解决的重大问题，在新农村社区规划、农村住宅设计及新材料和节材节能技术、能源和资源高效利用、节水和给排水、农村生态修复、农产品加工保鲜、种养殖等方面，集成配套现有技术，编辑出版《新农村建设集成技术丛书》；三是以从事农村科技学习、研究、管理的学生、学者和管理干部等为读者群，着眼于农村科技的前沿领域，深入浅出地介绍相关科技领域的国内外研究现状和发展前景，编辑出版《新农村建设重大科技前沿丛书》。

该套丛书通俗易懂、图文并茂、深入浅出，凝结了一批权威专家、科技骨干和具有丰富实践经验的专业技术人员的心血和智慧，体现了科技界倾注“三农”，依靠科技推动新农村建设的信心和决心，必将为新农村建设做出新的贡献。

科学技术是第一生产力。《新农村建设系列科技丛书》的出版发行是顺应历史潮流，惠泽广大农民，落实新农村建设部署的重要措施之一。今后我们将进一步研究探索科技推进新农村建设的途径和措施，为广大科技人员投身于新农村建设提供更为广阔的空间和平台。“天下顺治在民富，天下和静在民乐，天下兴行在民趋于正。”让我们肩负起历史的使命，落实科学发展观，以科技创新和机制创新为动力，与时俱进、开拓进取，为社会主义新农村建设提供强大的支撑和不竭的动力。

中华人民共和国科学技术部副部长 刘燕华

2006年7月10日于北京

目　录

一、概　述

油菜是国际公认的极具经济价值的大田作物。优质菜籽油中脂肪酸组成平衡，饱和脂肪酸含量不超过7%，优于所有的食用油，是最健康、最适宜的食用植物油。优质菜籽饼粕含丰富的植物蛋白，是优质食用和饲料蛋白。近20年来，全世界油菜的种植面积一直呈稳步上升趋势，另一个显著的特点是油菜的多元化利用，发展油菜的非食物用途。油菜的工业用途有润滑油、氢化油、印墨油等。月桂酸油、植酸盐则分别是高级化妆品和制革工业原料。菜籽甾醇是治疗心血管病的药物，药用价值很高。在未来石油资源面临枯竭，供需矛盾日趋严峻的今天，油菜被认为是理想的能源油料作物之一，用油菜籽生产出的生物柴油，现有的汽车发动机和柴油机无需改造，即可使用，清洁无污染，是最具发展潜力的可再生资源。

（一）我国“双低”优质油菜生产发展现状

“双低”油菜是指低芥酸、低硫苷油菜。按农业部部颁标准，商品菜籽芥酸含量低于5%（油）、硫苷含量在45微摩尔/克（饼）以下的油菜为“双低”油菜。低芥酸菜籽油中油酸、亚油酸含量大幅度提高，营养品质显著改善；低硫苷含量降低了饼粕的毒性，有效地提高了菜籽饼粕的利用价值。

我国从20世纪70年代后期开始将油菜品质育种的目标瞄准“双低”目标，到目前为止已选育了一批杂交“双低”和常规“双低”油菜品种，并基本实现了优质高产目标，如“中油”、“华油”、“湘油”、“秦油”、“皖油”、“油研”、“蓉油”等系列，为“双低”油菜的发展奠定了坚实基础。

20世纪90年代以来，我国“双低”油菜品种推广迅速。1990年，全国“双低”油菜面积只有292万亩，1995年增加到1 610万亩，2001年达到6 000万亩，2004年进一步发展到8 230万亩，14年间增加了28倍，年均增加近550万亩。目前，全国推广“双低”油菜面积达75%以上。

（二）国内油菜生产面临的主要问题

1. 国产菜籽品质差，竞争力不强

我国油菜品质育种起步晚，优质油菜质量标准除芥酸含量标准与国际标准基本相同外，在含油量、硫苷含量和脂肪酸组成等品质标准方面远未达到国际标准。此外，我国大面积种植的油菜品种中，有30%以上的品种不符合国家“双低”标准，混种、混收、混加工的情况降低了油菜品质。在真正的“双低”油菜普及区，针对“双低”油菜的优化栽培技术研究不多，技术措施不到位，没有形成规范化的高效优化栽培技术体系，市场上难有批量合格的商品菜籽。

2. 种植分散、生产成本高、规模效益差

我国油菜主产区农户人均土地不足1亩，农户一般以家庭为单位组织生产，在茬口衔接、品种搭配等农事安排上千差万别，规模效益很差；加之农民文化素质高低不同，油菜栽培管理技术落后，生产过程中活劳动力投入过多，单产水平增长缓慢，灾害年份甚至大幅度减产，生产成本居高不下，导致国产菜籽没有价格优势。

3. 与优质油菜品种相配套的高产高效栽培技术研究滞后

从优质油菜品种生产出合格的商品油菜籽，品种是基础，好的栽培技术是保证。良种、良法、良土三法必须配套。由于油菜栽培技术的研究不像油菜育种那样有较高的经济回报，公司、企业等主动投资参加栽培技术研究和开发的很少。栽培技术研究与技术推广完全靠国家、地方政府项目支撑。长期以来，油菜栽培管理技术及相关的植物生理、耕作栽培、土壤营养等学科项目难争取，经费也难以保证，从而使我们在“双低”油菜超高产理论、实现途径、油菜高效冠层构建、油菜品质形成机理与调控技术、油菜根系对土壤养分的高效利用等方面的研究滞后；近年来油菜栽培技术原始创新成果不多，与优质油菜品种配套的高产栽培技术、轻简化栽培技术、油菜机械化生产农机农艺配套措施等的研究与示范跟不上“双低”油菜栽培管理的需要。

4. 安全农业生产和生态农业同发达国家的差距大

由于片面追求油菜高产，在栽培管理措施上存在滥施化肥、过度依赖化学农药等现象，导致农田资源破坏和土壤生态环境恶化，严重阻碍农业和环境的可持续发展，急需科学的施肥、病虫害综合防治以及相应高新技术产品。

（三）国内外技术现状和发展趋势

1. 通过优选品种和优质化栽培，提高油菜品质

加拿大、欧盟等油菜生产大国和地区在实现油菜品种的双低化以后，对油菜的品质又提出了新的更高的标准，种子的芥酸含量要求≤1%。而种子的硫苷含量标准则因各国的育种水平的差异而要求不同，如加拿大、澳大利亚和瑞典均要求原原种和原种的种子硫苷含量≤12 微摩尔/克（籽），相当于≤21.6 微摩尔/克（饼）；而德国和英国则分别仅要求≤18 微摩尔/克（籽）和≤25 微摩尔/克（饼），分别相当于商品菜籽硫苷含量≤32.4 微摩尔/克（籽）和≤45 微摩尔/克（饼）。此外还对含油量、脂肪酸组分等提出了新的标准。

品种的抗病性直接关系到产量及品种的稳定性。高抗病品种同时还具有明显的生态效益。高抗病品种选育已经引起各国育种家的重视。各国所处的自然气候不同，所发生的主要病害不同，加拿大、澳大利亚和欧洲油菜的主要病害为黑胫病（Blackleg），它由真菌 *Leptosphaeria maculans* 所引起。但这些地区近年来菌核病的为害日趋严重。

在品质育种目标和进展方面，我国尚有较大差距，据全国农业技术推广服务中心对2000～2001 年全国油菜品种区域试验的参试品种的品质检测结果，29 个参加试验品种（杂交种）中（不含对照），芥酸含量 < 1% 的仅 15 个，硫苷含量 < 30 微摩尔/克（饼）的仅 7 个，而芥酸含量 < 1% 且硫苷含量 < 30 微摩尔/克（饼）的仅 6 个。上述数据客观反映了我国油菜品质育种的现状。此外，我国大面积种植的油菜品种中，有 30% 以上的品种不符合国家双低标准，加之混种、混收、混加工，市场上难有批量合格的商品菜籽。在高含油量育种方面，近年来中国农业科学院油料作物研究所已经育成了几个含油量在 40% 以上的双低油菜新品种。

加拿大等国根据不同品种对气候和栽培措施等的反应模式，确定品种的最佳种植区域、优化栽培管理措施，定向调控油菜关键品质（含油量、硫苷和芥酸），获得高品质的商品菜籽。

2. 区域化种植，规模化生产

近 20 多年来，加拿大、欧盟等油菜生产大国和地区一直把优质菜籽作为参加国际市场竞争、赢利创汇的支柱农产品来经营，因此世界发达国家均以市场为导向，效益为中心，提高油菜产品市场竞争力和降低生产成本为主攻目标，实行种植分区、产业分带、质量分级、加工分类的集约化大生产方式，通过政府优惠政策的引导和油菜协会的组织，在加拿大形成了若干个优质食用油菜产业开发带和工业用油种植带。集约化的生产方式有效地降低了生产成本。第二次世界大战后加拿大优质菜籽及油制品几乎垄断了国际市场，每年获得数十亿美元经济效益。巨大的利益回报进一步促进了该国油菜生产持续发展，油菜面积 1975 年只有2 400万亩，到1999年突增至8 346万亩，从而一跃成为油菜生产大国。相比之下，我国在油菜产中技术、产业化链条衔接等方面差距十分明显。

3. 注重技术的单项突破、集成组装和综合应用

欧美等国家的作物生理和生态等研究并不要求直接与生产联系，而栽培技术一般重视田间的直观结果，也并不深究其原理。我国生产条件和种植制度复杂，很难通过几个栽培试验来解决不同条件下的高产栽培技术问题。我国油菜素以精耕细作而闻名于世，20世纪90年代初期总结的油菜秋发高产栽培技术，形成了油菜品种、环境和栽培措施三位一体，理论与实际密切联系的研究方法，把高产栽培经验上升为具有普遍指导意义的理论，产生了显著的社会经济效益。目前油菜生产正向优质化、轻简高效化和标准化方向发展。客观上需要我们加快研究各地高产栽培经验，总结升华为具有普遍意义的油菜高产高效栽培理论，同时更加注重学习和吸取国外成熟的栽培理论成果，借鉴水稻、小麦等作物的单项栽培技术，通过集成组装优化，指导油菜生产。

4. 用高新技术武装和改造传统油菜生产，促进传统生产管理技术升级

当今高新技术日益渗透油菜生产管理的各个方面。如转基因抗病抗虫、抗除草剂新品种的培育成功和应用，这些高新技术成果正在悄然改变油菜的传统生产模式。油菜栽培管理计算机专家系统、决策支持系统（DSS）、投入/产出会计系统（Input/output Accounting System）、以3S技术集成为主的油菜生长信息采集和实时监测技术、基于3S技术的变量投入技术等，已成为精准农业的核心内容应用于油菜生产，使油菜生产向标准化、精准化发展。

5. 为生产优质农产品的农民提供国内支持，持续稳定重要农产品的生产能力

许多发达国家对本国农业的支持水平都很高，在这些国家中，农民的收入有很大一部分是来自政府的补贴。美国《新农业法》规定以“黄箱措施”增加农业补贴，2002~2007年，美国每年平均农业补贴的数额将达190亿~210亿美元，直逼美国对世贸组织承诺的每年190亿美元上限。欧盟、日本等农业保护程度较高的国家出于自身考虑，也会竞相增加补贴，充分利用世贸组织允许的补贴空间，加大对农业的支持力度。除了农业科研教育推广、农业基础设施建设、生态环境保护、市场信息服务等“绿箱政策”方面的投入之外，英国和加拿大还重点加强油菜及其制品质量标准体系、病虫害防疫防治体系、市场景气预报和发布体系、质量检验、检测体系等几大主要体系的建设，如英国罗桑试验站研制的基于Web的油菜病害诊断、预报系统，在政府支持下向广大油菜种植者提供油菜病害实时诊断和预测预报，加拿大也有类似的面向Canola种植者的决策支持系统，网上在线提供油菜栽培管理技术。此外，在政府指导下，加拿大油菜种植者协会还通过行业网站定时向农户发布油菜产销价格和市场景气信息。

本书是作者在参加国家“十五”科技攻关研究与示范工作的基础上，通过集成组装优化和示范推广，把在实践中证明确实能高产高效的栽培技术介绍给农民朋友。

（四）主要栽培技术简介

1. 秋冬发高产栽培技术

根据长江流域气候特点和油菜的生理生长特性，通过选用中晚熟优质高产品种，适期早播、早栽、早管、促进早发，培育冬前大壮苗，实现安全越冬，夺取油菜高产。这是目前我国长江流域重点推广和应用的优质油菜高产栽培技术。

2. 轻简高效栽培技术

根据不同农区的农田资源配置和种植制度，因地制宜、因种栽培，灵活采用谷林套播、板田免耕移栽、棉田免耕套栽（播）

等栽培模式，并应用机械化整地、机械精量播种、机械收脱及烘干处理技术。通过这些技术和模式的应用，减化工序、降低种植油菜的劳动强度，在稳定一定产量的基础上，最大程度地节本增效。按照每亩节省用工3个，每个工25元计算，可节省用工费75元，加上增产增收的部分，每亩节本增效100元左右。

3. 优质油菜环境友好栽培技术

优质油菜无公害栽培技术主要要点是：严格选择生产基地，要求周边5公里以内无污源（包括工矿、医院等污染源），农田灌溉水质符合无公害农产品基地灌溉水质标准，农田肥沃，排灌方便，旱涝保收，土壤环境质量符合无公害农产品基地土壤环境质量标准，大气环境质量符合无公害农产品基地大气质量标准。在用药、用肥方面，要全部实行统一供应，使用生物农药或高效、低毒、低残留农药，禁止使用国家限定的15种违禁农药；严格采用配方施肥，禁止混入其他有毒杂物施入田间。有机肥不能用普通油菜茎秆、果壳沤制的肥料，慎用含硫化肥，并综合运用适时早播、培育壮苗、科学施用、合理密植、化学调控、病虫防治、适时收获等高产配套栽培技术。该技术可使油菜亩产增加15公斤，菜籽达到无公害标准和“双低”标准，每亩增收50元左右。

此外，本书还向读者介绍“双低”油菜“一种两收、一菜两用”技术。“双低”油菜菜—油两用技术主要是选择苗薹期生长势强、易“攻”早发，生育期适中，植株再生能力强的“双低”油菜品种，配合育苗移栽、早播早栽，根据不同地力确定适宜密度，并做到合理施肥，严格掌握摘薹标准。菜薹抽出25～30厘米时，摘薹15～20厘米，每亩可摘薹300公斤左右，菜籽亩产增加30公斤左右，亩均纯收入比常规栽培增加1倍以上，深受农民欢迎。

（五）“双低”油菜优质高效栽培技术市场需求及应用前景

1. 优质油菜市场分析

我国是植物油消费大国，随着我国人民生活水平由温饱转向小康和较为富裕，人们膳食结构将会发生深刻变化，对稻麦等淀粉食物消费将逐年下降，而植物油脂、蛋白质食品和鱼肉食品的需求将逐年上升。据联合国粮农组织统计，世界人均年食用植物油 35.5 克，发达国家人均 51.9 克，而中国人只有 22 克，低于世界平均数，只有发达国家的 42.2%。1991～1996 年我国共进口植物油1 200万吨，占总消费量的 29.4%，支付外汇 70 多亿美元。2000 年我国进口油脂（进口油料折算为油）388.8 万吨，约占我国实际消费量1 129.8万吨的 35%，支付外汇 200 多亿美元。近年来，我国植物油脂的消费量年均增长约 41 万吨。另据世界银行预测，2010 年我国植物油脂消费将达到现在的世界平均水平，届时油脂需求将达到2 000万吨，按菜油占油脂结构的 1/2 计算，也要求我国油菜籽年产量达到2 600万吨。此外，优质菜油含芥酸 < 1%，饱和脂肪酸 < 7%，油酸 > 60%，作为最健康的食用植物油，它的作用正在被越来越多的人所认识。综上所述，发展优质油菜的潜力巨大。

2.“双低”菜籽饼粕市场分析

优质菜饼含 40% 蛋白质，菜饼的硫苷含量低，安全无毒，是优质食用和饲用蛋白。目前我国人均占有蛋白饼粕量 19 公斤，仅为世界人均占有量 22.8 公斤的 83.3%，低 3.8 公斤；只及美国 116.6 公斤的 16.3%，低 97.6 公斤。我国每年消费的蛋白质饲料约有 1/2 需要依赖进口，1999 年和 2000 年，我国进口鱼粉分别高达 63.1 万吨和 110 万吨，支付外汇 31.2 亿元和 54.5 亿元人民币；1999年进口豆饼373万吨，支付外汇70多亿元人民币；近几年我国进口的大豆饼粕（大豆折算成饼粕）每年达400多万吨。据世界银行预计至2010年我国人均植物蛋白消费将达到现在的世界平均水平，饲料蛋白的需求为1亿吨，届时缺口将达到3 800万吨。

以优质菜饼作蛋白质饲料，将缓解我国蛋白质饲料严重短缺的矛盾。据国家家畜工程技术研究中心测算，1亩优质油菜产生的饼粕可养育一头生猪，若我国每年种1.2亿亩优质油菜，所产生的饼粕可饲养1.2亿头生猪。

此外，油菜籽富含多种氨基酸、植酸、磷脂、甾醇、维生素及多种矿物质元素，因此综合开发利用油菜产品，可以使油菜数倍至数十倍增值，还能同步带动多种行业发展、增加就业机会等。

3. 油菜高产、高效、优质生产的技术需求分析

油菜是长江流域农民开春以后收获的第一季现金作物，对于实现农民增收和保证全年农业再生产具有不可替代的作用。

油菜优质高效生产技术的创新突破是同步提高油菜品质和产量及提高油菜产业科技含量的关键，对于发挥和挖掘油菜品种遗传潜力，协调油菜产量、质量、环境矛盾，提高温、光、水、肥自然资源利用率具有极其重要的意义和作用。新中国成立以后，我国在品种上由白菜型改为甘蓝型，常规品种改为杂交品种，非优质品种改为优质品种；在栽培上由撒播粗放管理改为油菜育苗移栽、推广应用冬发、秋发高产栽培技术，以及施用磷肥、硼肥等技术对我国油菜生产发展起到了革命性作用。但是，由于各地农田资源配置复杂多样，油菜又是跨年度的作物，在整个生育期内常常遭遇旱、寒、渍和病虫草害等逆境灾害，决定了油菜产量和品质的提高只能是一个渐进的过程。近年来，由于大量青壮劳动力向发达地区及非农产业转移，农资涨价，种植油菜的实际收益有所下滑等，导致油菜种植面积下降、部分冬闲田撂荒。另一方面，在一些经济发达地区，富裕的农民对油菜生产机械化的呼声越来越大。我国在油菜超高产理论和技术途径、资源高效利用、品质调优保优、节本增效和环境友好栽培技术、油菜生产咨询服务等技术的储备也严重不足。因此，亟待建立较为完善的油菜优质高效生产技术体系，质量控制技术体系，大幅度提高菜籽的质量和产量，为农民增收提供实用的栽培技术和物化技术产品，整体提升我国油菜生产能力和国际竞争力。

二、油菜优良新品种介绍

选用优良新品种是获取高产的保证，也是重要的栽培措施。科学种田，在种子选用上一定要舍得投入。要坚持从正规渠道购买良种，并保存好购物凭证，便于日后维护自身权益。本章按照常规品种、杂交品种（组合）分类介绍当前主要推广应用的油菜品种和组合。

（一）“双低”常规油菜新品种

1. 中双9号

（1）品种特征特性　中双9号是中国农业科学院油料作物研究所以中双4号、中油821等优质抗病材料为亲本，通过多亲本复合杂交，杂交后代小孢子培养，根据不同世代分别侧重进行产量综合性状、抗性、品质的不同强度筛选，达到多目标性状的快速聚合，获得超高产、高抗病、高抗倒伏、高含油量、高蛋白质含量、低芥酸、低硫苷含量多项性状优异的油菜新品种。

中双9号为半冬性甘蓝型油菜常规品种，幼苗半匍匐，叶色深绿，长柄叶叶片厚，大顶叶。生长周期具有前期生长稳健，后期长势突出的特点。该品种株高165厘米左右，分枝部位30厘米左右，一次有效分枝数9个，主花序长80厘米，单株有效角果数349.6个，每角粒数18.3粒，千粒重3.48克，全生育期比中油821长1.6天。中双9号具有“六高、两优、多用”的突出优点。①超高产：湖北省区试平均亩产165.48公斤，比对照中油821增产15.33%，最高区试产量每亩249.75公斤，是湖北省油菜区试历史上首个比中油821增产幅度达8%以上的双低常规品种。研究表明中双9号的库容量比中油821高18%。②高抗菌核病：区试中比抗病对照品种中油821发病率降低28%，病情指数降低36%，其抗病性居参试品种第一位，达国际领先水平。③高抗病毒病：区试中比对照发病率降低69%，病情指数降低60%，其抗病性居参试品种第一位。④高抗倒伏：抗折力为中油821的2.09倍，倒伏指数比中油821降低38.3%，为区试中最抗倒伏品种，3年推广中未见成片倾斜现象。⑤高含油量：国家区试平均含油量42.66%，比对照中油821高7.37%，最高年份达44.81%。⑥高蛋白质含量：种籽蛋白质含量32.83%，居同轮区试首位，比对照高1.55%。⑦双低：种子芥酸含量0.22%，商品籽硫苷含量16.65微摩尔/克（饼），居国际先进水平。⑧可兼作菜用：试验中菜薹产量148.8公斤/亩，摘薹后菜籽产量不减，亩增收100元以上；其菜薹维生素C和蛋白质含量分别比红菜薹高44.3%和38.9%。

（2）适宜推广地区　广泛适宜在湖北、湖南、安徽、河南、陕西、江苏、浙江、上海等地种植。

（3）栽培技术要点

①适时早播：育苗移栽9月中旬播种，10月中旬移栽，苗龄30天左右。苗床与大田1∶5；直播9月下旬至10月上旬播种，及时间苗、定苗。

②合理密植：该品种株型较紧凑，适当密植有利于提高产量。移栽每亩0.9万～1.2万株，直播1.0万～1.5万株。

③提高施肥量，必施硼肥：该品种产量潜力大，且秆硬抗倒，高水肥种植可获得高产。重施底肥，一般肥力田块亩施饼肥50～80公斤，复合肥80～100公斤，低肥力田块酌增。薹肥早施，腊肥施尿素10公斤。必施硼肥，以1.5～2公斤优质硼砂作底肥，并于薹期喷施0.3%的硼溶液。

④防病治病：于初花期后1周喷施菌核净，用100克兑水50公斤喷施。

2. 中双7号

(1) 品种特征特性　中双7号系中国农业科学院油料作物研究所经复合杂交育成的具高产、优质（双低）、早熟、多抗优点的油菜新品种。

该品种属半冬性中早熟甘蓝型油菜品种，株型紧凑，单株角果数多、角粒数多，千粒重3.8克，因此产量较高；而且品质优良，其原种芥酸含量为0，油酸含量67.78%，亚油酸含量为17.73%，蛋白质含量38.9%。硫苷含量18.2微摩尔/克（饼），含油量43.2%。另外，它还高抗菌核病，抗病毒病，耐肥抗倒，苗期抗冻，春季耐低温能力强。

(2) 适宜推广地区　适合在长江上、中、下游，淮河及淮河南部的两熟和三熟制地区种植。也特别适合直播和套播种植。

(3) 栽培技术要点

①适时早播，合理密植。

②重施底肥，氮、磷、钾、硼配方施肥。亩产200公斤以上，施氮17公斤、磷10公斤、钾肥13公斤、硼肥1公斤，12月底前施薹肥。

③早栽、早管、促早发。苗期防蚜虫，花期防治菌核病。

生产上只能种一代种，必须年年换种。

3. 中双8号

(1) 品种特征特性　中双8号是中国农业科学院油料作物研究所油菜生物技术育种课题组以中双2号、中双4号等为亲本，经复合杂交和小孢子培养选育成功的优质、高含油量、高产新品种。

该品种属半冬性甘蓝型油菜常规品种。该幼苗半匍匐，叶色深绿，大顶叶，株高中等，秆硬抗倒，单株平均有效角果数429.1个，每角粒数21.8粒，千粒重3.62克。其抗耐菌核病性能强，抗耐病毒病性能特强，抗倒性能力强。

(2) 适宜推广地区　该品种适应性很广，适宜在湖北、湖南、江苏、浙江、安徽、上海等地种植。

(3) 栽培要点　育苗移栽在9月中下旬播种，直播可推迟到9月底或10月初播种。10月中、下旬移栽，栽培密度以8 000~9 000株/亩为好。直播应合理密植（15 000~25 000株/亩），底肥、苗肥和腊肥都要施足。在菌核病高发区应注意防病。

4. 中双10号

(1) 品种特征　中双10号是中国农业科学院油料作物研究所在1997年利用核雄性不育材料通过群体改良和轮回选择方法育成的常规品种（原品系名是9558）。其种子的芥酸含量为0.32%，硫苷含量21.4微摩尔/克（饼），含油量41.9%。

该品种属于半冬性早熟甘蓝型常规油菜，苗期叶色深绿色，苗期叶型侧裂叶有2~3对，花期和结荚期茎秆基部呈微紫色，开花期比对照品种早5~7天，成熟期比中油821早2~3天，其角果结实18粒左右，千粒重3.6~3.8克，抗病毒、抗菌核病、抗冻性、抗倒性强。

(2) 适宜推广地区　适宜在长江上、中、下游，淮河及淮河南部的两熟和三熟制地区种植。也特别适合直播和套播种植。

(3) 栽培技术要点　育苗移栽在9月10~20日播种，直播可在9月下旬到10月上旬播种。注意苗期生长快，育苗期控制在30天以内。肥沃地的栽培密度8 000株/亩，一般不超过10 000株/亩。直播可达16 000~20 000株/亩，在12月下旬将薹肥施下。

5. 华双3号

(1) 品种特征特性　甘蓝型双低常规油菜新品种华双3号，由华中农业大学采用传统杂交育种技术与小孢子培养现代生物技术相结合的育种途径，即｛[华油低芥821×（华油3号×Marnoo)]×中油821｝×中油821的复合杂交、两次回交、小孢子离体培养和加倍单倍体植株的方法育成。

该品种株高170厘米左右，单株有效分枝数9~11个，有效角果数350~400个，每果粒数18~20粒，千粒重3.5克左右。湖北省区试平均亩产163.49公斤，超过非优质品种中油821。抗耐病性与中油821相当，抗冬寒耐春寒性强。含油量41%~42%，种子芥酸含量1%，硫苷含量<22微摩尔/克，菜饼蛋白质含量约38%~42%，可以代替豆饼作为优质精饲料。

（2）适宜推广地区　适宜长江中游两熟或三熟地区种植。

（3）栽培技术要点　适时早播、早管、促早发。长江中下游地区和淮河流域一般于9月5~10日播种育苗，10月中、下旬移栽。三叶期喷施多效唑或烯效唑，防止高脚苗和线苗。

氮、磷、钾配方施肥，必施硼肥。重施基肥、早施苗肥、早施稳施（1月底以前）薹肥。基肥、苗肥和薹肥分别占总施肥量的60%、30%和10%左右。硼肥作基肥施用，此外在苗期和初花期用0.2%硼砂溶液喷施叶面有良好的增产效果。禁止使用油菜及十字花科其他植物的果壳、秸秆作肥料，以减少病源和自生油菜。及时中耕松土，抗旱排渍，防止病虫为害。集中连片种植，防止自然串粉杂交导致品质变劣。良种繁育时，在隔离区内选择2~3年内没有种过油菜及十字花科其他作物的田块繁殖种子。农民不自行留种。

6. 华双4号

（1）品种特征特性　华双4号是华中农业大学利用华油3号、Marnoo、中油821、华油低芥821、RS-1、95431通过聚合杂交结合小孢子培养方法育成的常规品种。为半冬性甘蓝型常规油菜，株型幼苗半直立，苗期叶色绿色，苗期叶型椭圆形，幼茎微紫色，花黄色。开花期在3月初，成熟期与中油821相当，其角果结实18~21粒左右，千粒重约3.5克。菌核病抗性与中油821相当，抗倒性中。2000~2002年长江中游区域试验平均亩产141.1公斤。其种子的芥酸含量在1%以下，硫苷含量30微摩尔/克（饼），含油量41%左右。油酸+亚油酸含量超过80%。

（2）适宜推广地区　本品种适宜长江中游油菜产区的二熟和

三熟地区种植。

(3) 栽培技术要点　育苗移栽在 9 月 15 日前后播种。直播可在 9 月底到 10 月初进行。注意在三叶期时喷施烯效唑防止徒长，10 月中、下旬移栽。肥沃地的栽培密度 8 000 ~ 10 000 株/亩，肥力中等以下10 000 ~ 12 000 株/亩，直播13 000 ~ 15 000 株/亩。底肥、苗肥、薹肥比率按 60%、30%、10%，移栽成活后施苗肥。1 月底施薹肥，硼肥作底肥一次施用。幼苗期防虫，花期防治菌核病。连片种植可减少串粉对品质的影响。

7. 华双 5 号

(1) 品种特征特性　该品种为复合杂交选育的甘蓝型半冬性常规种，全生育期平均 214 天。幼苗半直立，幼茎紫色，子叶肾脏形，花瓣黄色，种皮黑色，株型紧凑，分枝角度小。平均株高 170 厘米，分枝部位 30 厘米，一次有效分枝 8 个，主花序 60 厘米，单株有效角果数 290 个，每角粒数 19 粒，千粒重 3.87 克。菌核病发病率 4.55%，病指 2.14，病毒病发病率 0.78%，病指 0.45，低抗菌核病和病毒病，抗倒性强。经农业部油料及制品质量监督检验测试中心区试抽样检测，芥酸含量 0.42%，硫苷含量 30.49 微摩尔/克，含油量 41.85%。

(2) 适宜推广地区　适宜在长江中游地区的湖北、湖南、江西 3 省冬油菜主产区种植。

(3) 栽培技术要点　长江中下游地区和淮河流域 9 月 10 ~ 15 日播种育苗，10 月中、下旬移栽。直播可在 9 月底到 10 月初进行。油菜三叶期喷施多效唑或稀效唑，防止高脚苗和线苗。

肥沃地栽培密度 8 000 ~ 9 000 株/亩左右，肥力中等及以下应提高到 12 000 ~ 15 000 株/亩；直播油菜密度 15 000 ~ 18 000 株/亩。配方施肥，氮肥按照底肥、苗肥、薹肥 5∶3∶2 的比率施用。硼肥可作底肥，也可在苗期和初花期用 0.2% 硼砂溶液喷施叶面，有良好增产效果；移栽成活后施苗肥；1 月初施薹肥。此外应及时中耕松土，抗旱排渍，防止病虫为害。

8. 湘油 15

（1）品种特征特性　湘油 15 是湖南农业大学油料所通过杂交育种法选育而成，母本为双低油菜品种湘油 11，父本为湘油 10 号。该品种芥酸含量 0.21%，硫苷含量 35 微摩尔/克左右，种子含油量 39.7%左右。生育期中熟偏早，长沙地区 9 月中下旬播种，第 2 年 5 月 5 日左右成熟。1998～2000 年生产参加国家长江中游区试，平均亩产 144.86 公斤，较对照增产 6.81%；1999～2000 年生产试验平均亩产 141.5 公斤，较对照中油 821 增产 5.01%。具有较好的低温结实能力，抗菌核病和病毒病能力与中油 821 相当。

（2）适宜推广地区　适宜在长江中游湖北、湖南、江西、安徽等省种植。

（3）栽培技术要点　适时播种，培育壮苗。采用育苗移栽方式湘北及湘西地区 9 月上中旬播种，湘中地区 9 月中下旬播种，湘南地区 9 月下旬播种，用种量每亩0.4～0.5 公斤，采用直播方式可于 9 月底至 10 月初播种，用种量每亩 0.25 公斤。播后应及时间苗、定苗和追肥，以利苗齐苗壮。

及时移栽，合理密植。苗龄30～35 天，要求 10 月底 11 月初移栽完毕，每亩8 000～10 000株。为保证移栽季节，可采用板田移栽方式。

合理施肥。每亩施纯氮12～15 公斤，五氧化二磷4～6 公斤，氧化钾 10 公斤左右。基肥以有机肥为主，做到早施苗肥，重施腊肥，看苗施薹肥。移栽时每亩施硼肥 0.5 公斤。

保优防杂。为确保品质，应连片种植，做到农户不留种，年年换种，以确保品质性状达到双低标准。

9. 湘油 17

（1）品种特征特性　湘油 17 苗期生产势较强，叶片较大，叶色深绿，越冬期生长稳健，抗寒能力强。一般 2 月下旬到 3 月初花，3 月下旬到 4 月初花，5 月上旬成熟。湘油 17 植株高大，一般株高180～190厘米，一次分枝8～10个左右，主花序发达，株型紧凑，千粒重4.0克左右。抗病毒病，耐菌核病，抗倒能力强。

(2) 适宜推广地区　湘油17有着广泛适应性和较高的增产潜力，适宜在长江中游区范围种植。

(3) 栽培技术要点

①适宜播种期：湘北地区9月上旬，湘中地区9月中下旬播种。苗床期一般30天左右，最多不超过45天。

②种植密度：大田移栽密度一般为8 000～10 000株/亩，土壤肥力水平低12 000株/亩，肥力水平高6 000～8 000株/亩之间。

③田间管理：施肥以基肥为主，腊肥为辅，苗肥视苗情而定。前期注意防治菜青虫，蕾薹期注意清沟排渍，防治菌核病。后期注意适时收获。

10. 秦优9号

(1) 品种特征特性　该品种属甘蓝型半冬性细胞质雄性不育三系杂交种，全生育期黄淮区平均242天，长江下游区平均232天，长江中游区平均216天。幼苗半直立，叶色深绿，裂叶2对，有缺刻，叶缘有锯齿，有蜡粉，花瓣中大，侧叠，花色淡黄，株高179厘米左右，匀生分枝，分枝部位58厘米左右，单株有效分枝数10个左右，单株有效角果数292个左右，每果粒数22粒左右，千粒重3.72克左右，籽粒黑色。田间抗性调查结果：菌核病平均发病率7.41%、病指4.83，病毒病平均发病率1.11%、病指0.55。抗倒性中等。品质检测结果：平均芥酸含量0.43%，平均硫苷含量19.49微摩尔/克（饼），平均含油量38.75%。

(2) 适宜推广地区　适宜在河南、江苏、安徽、湖北、浙江、上海、陕西关中和陕南地区、湖南和江西两省北部冬油菜主产区种植。

(3) 栽培技术要点　生产上注意施用硼肥。

（二）杂交油菜系列

1. 中油杂2号

（1）品种特征特性　中油杂2号是中国农业科学院油料作物研究所在2000年利用秦油2号×不育胞质陕2A杂交方法选育成的杂交品种（原品系名是7789）。其种子的芥酸含量为0.9%，硫苷含量20.7微摩尔/克（饼），含油量41.45%。

该品种属于半冬性中熟甘蓝型杂交油菜，株型较紧凑，主花序较长，苗期叶色深绿色或暗绿色，苗期叶型顶裂、叶较大、叶片边缘有波纹，叶片长度中等，叶宽度较宽，花瓣黄色，花瓣长度中等呈侧叠状。其角果结实18粒左右，千粒重3.6克左右，粒色为黑褐色。抗病毒、抗菌核病能力与中油821相当或略强，抗倒性强。

（2）适宜推广地区　长江流域及黄淮南部两熟和三熟制地区。

（3）栽培技术要点　育苗播种在9月中旬，直播可推迟到9月下旬。培育大壮苗，苗龄严格控制在30～35天以内。肥沃地的栽培密度8 000～10 000株/亩，中等肥力1.0万株左右，直播可达1.2万～1.5万株。重施底肥，每亩施进口复合肥50公斤，硼肥1公斤左右。根据苗势追施尿素，注意必施硼肥。初花期喷施灰核宁，用量每亩100克灰核宁兑水50公斤喷施。

2. 中油杂4号

（1）品种特征特性　中油杂4号是中国农业科学院油料作物研究所在2000年利用波里马雄性不育系96A×恢复系93275选育成的杂交品种（原品系名是96-5）。其种子的芥酸含量为0.38%，硫苷含量24.95微摩尔/克（饼），含油量41.04%。

该品种属于早、中熟甘蓝型杂交油菜，幼苗直立株型较紧凑适合密植，苗期叶色深绿色，成熟期214天，较对照品种中油

821早熟1天。其角果结实17.1粒左右，千粒重3.35克左右。抗病毒病、抗（耐）菌核病，茎秆坚硬抗倒性强。

（2）适宜推广地区　整个长江上、中、下游。

（3）栽培技术要点　育苗播种在9月15~20日播种，直播可在9月20~25日播种。一般育苗移栽苗龄不超过30天，移栽密度10 000株/亩左右，直播1.5万株。重施底肥，每亩施复合肥50公斤，尿素10公斤左右，硼肥1.5公斤左右作底肥。移栽成活或5叶期每亩追施尿素5公斤做提苗肥，元月初再增施尿素8公斤，氯化钾或硫酸钾6公斤做薹肥。抽薹期喷施0.2%硼砂溶液50公斤。用氯氰菊酯+40%乐果1:2 000倍液防治蚜虫和菜青虫、初花期后用40%菌核净200克兑水50公斤防治菌核病。

3. 中油杂7号

（1）品种特征特性　中油杂7号是中国农业科学院油料作物研究所在2000年利用波里马雄性不育系96A×恢复系R_2选育成的杂交品种（原品系名是98-1）。其种子的芥酸含量为0.74%，硫苷含量19.51微摩尔/克（饼），含油量38.23%。

该品种属于中熟甘蓝型杂交油菜，苗期半匍匐叶色较深，开花期在3月3日左右，成熟期在5月5日左右。其角果结实17.65粒左右，千粒重3.20克左右。抗病毒病、抗（耐）菌核病强于中油821，抗寒能力强于中油821。

（2）适宜推广地区　具有广泛的生态适应性，适宜于长江流域等冬油菜产区种植。

（3）栽培技术要点　育苗移栽在9月中旬播种，苗龄30天以内。移栽的栽培密度每亩8 000~10 000株/亩；直播可在9月20~25日播种，密度提高到12 000~15 000株/亩。重施底肥（全生育期肥料总量的70%用作底肥），早施和重施腊肥（腊肥春用），抽薹期喷施0.2%硼砂溶液50公斤。用氯氰菊酯+40%乐果1:2 000倍液防治蚜虫和菜青虫，初花期用40%菌核净200克兑水50公斤防治菌核病。

4. 中油杂8号

（1）品种特征特性　中油杂8号是中国农科学院油料作物研究所在2000年利用雄性不育系8908A×恢复系R_1选育成的杂交品种（原品系名是1089）。其种子的芥酸含量为0.17%，硫苷含量23.80微摩尔/克（饼）。

该品种属于半冬性甘蓝型杂交油菜，幼苗直立，苗期叶色淡绿裂叶有4对以上较大叶片边缘有波，花瓣黄色花宽度较宽，比中油821早熟1天。其角果结实20粒左右，千粒重3.9克左右。抗病毒、抗菌核病能力比中油821强，抗倒性强。

（2）适宜推广地区　湖北省及长江流域地区。

（3）栽培技术要点　育苗移栽在9月中旬播种，直播可在9月下旬播种。苗龄30天以内。培育大壮苗。移栽的栽培密度在8 000～10 000株/亩，直播可达14 000～18 000株/亩。重施底肥，每亩施进口复合肥50公斤，硼肥1公斤左右。根据苗势追施尿素，注意必施硼肥。腊肥重施（腊肥春用）。初花期喷施灰核宁，用量每亩100克灰核宁兑水50公斤喷施防止菌核病。

5. 中油杂9号

（1）品种特征特性　中油杂9号是中国农业科学院油料作物研究所在2001年利用波里马雄性不育系98A×恢复系40选育成的杂交品种（原品系名是98-2）。其种子的芥酸含量为0.20%，硫苷含量23.21微摩尔/克（饼），含油量41.15%。

该品种属于半冬性甘蓝型杂交油菜，越冬习性为半直立株型较紧凑，苗期叶形缺刻、叶圆波状，花色呈淡黄色，开花期在3月8日左右，成熟期在5月10日左右。其角果结实19粒左右，千粒重3.6克左右，粒色为深褐色。抗菌核病与中油821相当，抗病毒病比中油821强，抗寒性比中油821强。

（2）适宜推广地区　长江流域二熟制、三熟制地区。

（3）栽培技术要点　育苗移栽在9月上中旬播种，直播9月中下旬播种，10月的中下旬移栽。中等肥沃地移栽密度10 000～

12 000株/亩，肥力较高地块栽培密度应调减至9 000～10 000株/亩，直播栽培密度在13 000～15 000株/亩。一次性施足底肥创高产，看苗追肥同时喷施硼肥。开花期防治菌核病喷施杀菌剂。

6. 中油杂11

（1）品种特征特性　中油杂11（希望98）属甘蓝型半冬性中早熟杂交油菜。子叶长、宽度中等；苗期半直立，叶色深暗绿，顶裂叶片中等大，叶片长度中等，叶宽度较宽，侧裂叶4对以上，叶片边缘有小齿、波状；花期适中，花瓣黄色，花瓣长度中等，宽度较宽，呈侧叠状。株高175厘米左右，分枝部位40～50厘米，分枝9～13个。单株有效角果数340个左右，每角粒数较高，20粒左右，千粒重较高，3.6克左右。

①丰产性好：湖北省区试(2002～2004年）平均亩产204.6公斤，比对照中双6号增产11.81%，位居第一位。全国（长江上、中、下游）区试(2003～2004年)，长江上游亩产167.84公斤，比对照油研7号增产20.35%，位居第一位；长江中游亩产197.60公斤，比对照中油821增产25.71%，位居第一位；长江下游亩产189.36公斤，比对照皖油14增产11.97%，位居第一位。是全国油菜区试第一个在长江流域三大区试中产量均为第一的油菜新品种。

②含油量高：全国区试取样，经农业部油料及制品质量监督检验测试中心检测，含油量45.91%，是全国区试首个含油量超过45%的油菜新品种。

③稳产性强：全国区试长江上游11个试验点全部增产，长江中游10个试验点全部增产，长江下游8个试验点7个试验点增产，总计29个试验点有28个试验点比对照增产，是全国油菜区试首个表现出极强稳产性的油菜新品种。

④品质优：全国区试取样，经农业部油料及制品质量监督检验测试中心检测，种子含芥酸0.35%，商品籽饼粕硫苷含量19.71微摩尔/克，达到国际领先的加拿大优质油菜标准。

⑤抗性强：全国区试长江上游菌核病发病率为2.0%，病指

0.72，病毒病发病率1.06%，病指0.33，显著低于对照油研7号（菌核病发病率5.0%，病指2.22；病毒病发病率1.56%，病指0.82）；长江中游菌核病发病率为2.63%，病指1.11，病毒病发病率0.86%，病指0.24，显著低于对照中油821（菌核病发病率4.45%，病指1.71；病毒病发病率0.57%，病指0.27）；抗倒性强。

（2）适宜推广地区　全国长江上、中、下三大油菜区试（云南、贵州、四川、重庆、湖南、湖北、江西、安徽、江苏、上海、浙江）覆盖了我国冬油菜主产区的整个长江流域，区试产量均为第一位，显示出广泛的适应性。

（3）栽培技术要点　适时早播，长江流域育苗应在9月中旬播种，苗床与大田比例为1:4，培育大壮苗，严格控制苗龄（30～35天），10月中旬移栽；直播9月下旬播种。合理密植，在中等肥力水平条件下，育苗移栽的合理密度为9 000株/亩左右；肥力较高时，降低密度至8 000株/亩左右；直播可适当密植（1.5万株左右）。科学施肥，氮肥按7:3:2施用，重施底肥，每亩施复合肥70公斤左右或尿素35公斤左右，硼砂1.5公斤左右，底肥氮肥应占总施肥量的70%；并注意氮、磷、钾配比施肥。追施苗肥，移栽成活后，适时追施提苗肥，根据苗势每亩施尿素9公斤左右。腊肥春用，在1月底根据苗势每亩施尿素10公斤左右，注意必施硼肥。如果底肥没有施硼，应在薹期喷施硼肥（浓度为0.2%）。防治病害，油菜初花期一周内喷施灰核宁，用量每亩100克灰核宁兑水50公斤喷施。

7. 华油杂4号

（1）品种特征特性　华油杂4号为双低细胞质雄性不育系1141A与双低恢复系91-恢5900配制的杂交种。其幼苗生长习性为半匍匐，叶绿色，叶缺刻较深，分枝部位低、分枝多，千粒重3.2～4.1克，每果籽粒为16～19粒。芥酸含量0.39%～1.54%，硫苷含量22.45～29.51微摩尔/克，油分含量38.79%～41.58%。抗冬、春寒能力较强，抗病毒病、耐菌核病能力中等。生育期与中油 821 相当。属于半冬性甘蓝型杂交油菜，越冬习性为半直立株型较紧凑，苗期叶型缺刻、叶圆波状，花色呈淡黄色，开花期在 3 月 8 日左右，成熟期在 5 月 10 日左右。其角果结实 19 粒左右，千粒重 3.6 克左右，粒色为深褐色。抗菌核病与中油 821 相当，抗病毒病比中油 821 强，抗寒性比中油821 强。

（2）适宜推广地区　适宜在湖北、安徽、河南及湖南、江苏、浙江部分地区推广。

（3）栽培技术要点　在武汉及其附近地区，育苗移栽宜在 9 月上中旬播种，10 月下旬至 11 月上旬移栽；直播宜在 9 月下旬至 10 月初播种。每亩密度为 1 万株左右（肥地可降低至 8 000 株）。

苗床要施用有机肥混合磷(30～40 公斤过磷酸钙)、硼(0.5～0.75 公斤硼砂）作底肥，土壤肥力不足的苗床，每亩可撒 2 公斤尿素作面肥，苗床要及时间苗，三叶期可喷施（100～150 毫克/公斤）的多效唑溶液，有利培育矮壮苗。

大田要施足底肥，特别要注意增施磷肥（每亩过磷酸钙30～40 公斤）、硼肥（每亩0.5～0.75 公斤硼砂）和有机肥作底肥。苗肥宜早，并重在年前，约 70%追肥在冬前施用，以促早发。

做好清沟排渍；年前要注意防治蚜虫、菜青虫等虫害，年后要注意防治菌核病。

8. 华油杂 9 号

（1）品种特征特性　华油杂 9 号为甘蓝型半冬性细胞质雄性不育三系杂交种，全生育期平均 233 天。子叶肾脏形，苗期叶为圆叶形，叶绿色，顶叶中等，有裂叶2～3 对，茎绿色，黄花，花瓣相互重叠，种子黑褐色，近圆形。株型为紧凑扇形，平均株高175～190 厘米，一次有效分枝 8 个，二次有效分枝 10 个，主花序长 85 厘米，单株有效角果数380～480 个，每角粒数21～23 粒，千粒重2.98～3.05 克。冬前、春后均长势强；抗寒中等。菌核病发病率 28.5%，病指 13.24，病毒病发病率 25.25%，病指 11.72，低感菌核和病毒病，抗倒性强。经农业部油料及制品质量监督检验测试中心区试抽样检测，芥酸含量0.47%，硫苷含量23.05微摩尔/克，含油量41.09%。

(2) 适宜推广地区　适宜在长江下游地区的浙江、上海两省（市）及江苏、安徽两省淮河以南地区的冬油菜主产区种植。

(3) 栽培技术要点　注意适当晚播，播种过早会出现早花早薹现象，注意防治菌核病，增施硼肥。

9. 华油杂10号

(1) 品种特征特性　该品种为甘蓝型半冬性细胞质雄性不育三系杂交种，全生育期平均215天。子叶肾脏形，苗期叶为圆叶形，叶深绿色，顶叶中等，有裂叶2～3对，茎绿色，黄花，花瓣相互重叠，种子黑褐色，近圆形。株型为扇形紧凑，平均株高170～185厘米，一次有效分枝9个，二次有效分枝10个，主花序长85厘米，单株有效角果数338～437.9个，每角粒数21粒，千粒重3.14克。菌核病发病率7.11%，病指2.73；病毒病发病率3.99%，病指1.84，长江上游地区中抗菌核病，中游地区低感菌核病，低抗病毒病，抗倒性强。经农业部油料及制品质量监督检验测试中心区试抽样检测，芥酸含量下游地区0.23%，中游地区0.70%，硫苷含量下游地区23.37微摩尔/克，中游地区19.46微摩尔/克，含油量下游地区39.7%，中游地区41.12%。

(2) 适宜推广地区　适宜在长江中游及长江上游的湖南、湖北、江西、贵州、云南（玉溪地区除外）、四川、重庆等省（市）的冬油菜主产区种植。

10. 华油杂12

(1) 品种特征特性　该品种属半冬性甘蓝型两系杂交种，全生育期218天左右。幼苗半直立，子叶肾脏形，苗期叶为圆叶形，有蜡粉，叶深绿色，顶叶中等，有裂叶2～3对；株高173厘米左右，株型为扇形紧凑，匀生分枝类型；一次有效分枝9个左右，主花序长85厘米左右；茎绿色；花黄色，花瓣相互重叠。单株有效角果数356个左右，主花序角果长8.5厘米左右，每角粒数 21 粒左右，种子黑褐色，近圆形，千粒重 3.28 克左右。抗性调查结果：菌核病平均发病率 10.81%、病指 5.75，病毒病平均发病率 1.93%、病指 1.28。2005 年抗病鉴定结果：中抗菌核病，低抗病毒病。抗倒性中等。品质检测结果：平均芥酸含量 0.45%，平均硫苷含量 20.53 微摩尔/克（饼），含油量 41.68%。

(2) 适宜推广地区　适宜在长江中游地区的湖北、湖南、江西的油菜主产区种植，生产上不宜早播，注意防治菌核病。应夏播制种。

(3) 栽培技术要点　生产上不宜早播，防治早薹早花；注意施用硼肥，花期注意防治菌核病。

11. 华油杂 13

(1) 品种特征特性　该品种属半冬性甘蓝型两系杂交种，全生育期 220 天左右，与对照相当。幼苗直立，子叶肾脏形，苗期叶为圆叶形，有蜡粉，叶深绿色，顶叶中等，有裂叶 2~3 对，花黄花，花瓣相互重叠。茎绿色，株高 186.3 厘米左右，株型为扇形较紧凑，中上部分枝类型；一次有效分枝 7.7 个，主花序长 85 厘米左右。单株有效角果数 397 个左右，每角粒数 19 粒左右。种子黑褐色，近圆形，千粒重 3.95 克左右。田间抗性调查结果：菌核病平均发病率 4.27%、病指 2.51，病毒病平均发病率 0.7%、病指 0.26。2005 年抗病鉴定结果：低抗菌核病和病毒病。抗倒性中等。品质检测结果：平均芥酸含量 0.56%，平均硫苷含量 23.28 微摩尔/克，平均含油量 39.12%。

(2) 适宜推广地区　适宜在长江上游的云南、贵州、四川、重庆以及陕西汉中地区的油菜主产区种植。

(3) 栽培技术要点　生产适当推迟播种，防止早薹早花；注意防治菌核病。

12. 华油杂 14

(1) 品种特征特性　该品种属半冬性甘蓝型温敏型波里马质不育两系杂交种，全生育期 219 天左右。幼苗半直立，子叶肾脏形，苗期叶为圆叶形，有蜡粉，叶深绿色，顶叶中等，有裂叶2～3对；黄花，花瓣相互重叠；株高174.15厘米，株型为扇形紧凑，匀生分枝类型；一次有效分枝8个左右，主花序长85厘米左右；茎绿色；单株有效角果数343个左右，每角粒数20粒左右。种子黑褐色，近圆形，千粒重3.61克左右。田间抗性调查结果：菌核病平均发病率4.82%、病指2.07，病毒病平均发病率1.14%、病指0.79。2005年抗病鉴定结果：低抗菌核病，低抗病毒病。抗倒性较强。品质检测结果：平均芥酸含量0.41%，硫苷含量22.54微摩尔/克（饼），含油量40.59%。

（2）适宜推广地区　适宜在湖南、湖北、江西的油菜主产区种植。

（3）栽培技术要点　注意施用硼肥，花期注意防治菌核病。应夏播制种。

13. 湘杂油2号

（1）品种特征特性　湘杂油2号属甘蓝型油菜中熟类型，全生育期比湘油13早熟1～2天。其主要特点是冬前长势强，冬后发育稳。在中等肥力水平下，一般株高1.7～2.0米，一次分枝9～12个，单株荚果数400个左右，角果粒数18～20粒，千粒重3.8～4.0克。湘杂油2号茎秆坚硬，抗倒性好、抗病能力强，品质性状经中国油料制品品质分析检测中心抽样检测，芥酸含量为0.26%，硫苷含量19.9微摩尔/克。

（2）适宜推广地区　湘杂油2号适应性广，不仅适宜于湖南及长江流域二熟、三熟制冬油菜区，而且也适宜于北方春油菜区。

（3）栽培技术要点

①适时早播：湘杂油2号播期区域较宽，早播可促早发，湖南省适宜播种期以湘北、湘西9月上旬，湘中9月上中旬，湘南9月中下旬为宜，苗龄30～35天左右及时移栽。

②除杂移栽：移栽时淘汰病苗、劣苗、小苗，小苗可能为不

育系微粉自交株，适量淘汰可提高杂种纯度，进一步发挥该品种的优势潜力。

③合理密植：棉田和中等肥力以上的稻田密度可在每亩6 000～8 000株之间，低肥水平的瘦田密度可在8 000～10 000株之间。

④施肥要求：肥力以底肥为主，苗肥、腊肥为辅，底肥用量应占总肥量的60%以上，长江流域等缺硼地区，要求每亩底施硼肥1～2公斤。

⑤田间管理：做到早间苗，稀留苗，移栽大田后及时中耕除草，根据田间表现搞好抗旱防渍和病虫害防治。

14. 湘杂油5号

（1）品种特征特性　湘杂油5号为中熟偏早品种，冬前繁茂性好，幼苗直立，花期及角果成熟集中，株型紧凑，茎秆坚硬抗倒。株高190厘米左右，角果中长，籽粒圆形饱满。在湖南地区种植大面积产量在130公斤/亩以上，高的超过150公斤/亩。品质优良、芥酸含量0.13%，硫苷22.32微摩尔/克，抗倒、抗（耐）病能力较强。

（2）适宜推广地区　适宜湖南省全境及长江流域类似生态区种植。

（3）栽培技术要点

①适时播种：育苗移栽时间以湘中、湘南9月中下旬，湘北、湘西以9月上中旬播种为宜。出苗后及时间苗，3～5叶期喷施适量多效唑，以培养壮苗，苗龄期30～35天，不超过40天。

②适当密植：高肥地力8 000～10 000株/亩，中低肥地力12 000株/亩。

③科学施肥：施足底肥、早施苗肥，看苗适施腊肥，每亩施纯氮12～15公斤，注意氮、磷、钾配合使用，底施或薹期喷施硼肥。

④加强培管：移栽成活后在封行前及时中耕除草，雨季及时

清沟排渍防涝。

⑤规模种植：集中连片种植，避免与非优质品种近距离混种，以保证菜籽品质。

特别注意，二代种子不能用于留种。

15. 秦杂油 1 号

（1）品种特征特性　秦杂油 1 号（原代号杂油 89）是陕西省杂交油菜研究中心育成的甘蓝型双低（低芥酸、低硫苷）油菜杂交种，其组合为：双低雄性不育系陕 5A × 双低恢复系 K407。双低雄性不育系陕 5A 是以自育的甘蓝型双低油菜雄性不育系陕 3A 作母本，以自育的双低雄性不育保持系陕 5B 为父本，经杂交和多代成对回交转育而成的；双低恢复系 K407 是用自育的双低恢复系7399-8 作母本，用自育的低芥酸恢复系 A74-2 作父本杂交，经连续 5 代田间单株选择和室内品质选择相结合，并与不育系对测而育成的。

该品种属甘蓝型半冬性油菜品种，在每亩 1.2 万株密度下，株高 165 厘米左右，一次有效分枝8～9 个，单株有效角果 300 个左右，每角粒数 23 粒，千粒重 3.0 克。全生育期 240 天左右，成熟期与对照秦优 7 号相当，比秦油 2 号早熟1～2 天。经西北农林科技大学植物保护学院鉴定，秦杂油 1 号抗耐菌核病。

（2）适宜推广地区　适宜在陕西省关中、陕南灌区及同类生态区域种植。

（3）栽培技术要点

①播期：当旬平均气温下降到19～18℃或冬前＞0℃有效积温达 900℃时的始期为直播适期；陕南育苗移栽，育苗期可比当地直播适期适当提前 1 周下种。

②播量：直播每亩 0.25 公斤，育苗移栽每亩苗床地播 0.5 公斤；苗床地与大田移栽地比例为 1:5。

③密度：水肥地7 000～9 000 株/亩，旱肥地和晚播田每亩栽培1.0 万～1.2 万株。

施足底肥，增施磷钾肥，施好硼肥。油菜属喜磷作物，缺硼又会导致花而不实症，一定要重视磷肥和硼肥的施用。一般需亩施纯氮12~14公斤；磷肥用量可按氮量的一半施用；缺钾地区应视土壤含量适量补足；硼肥可亩施硼砂0.5~0.75公斤或将100克高效速溶硼肥在蕾薹期分两次喷施。

陕南地区雨水较多，要开好三沟，做好排涝防渍；关中地区要防好蚜虫。

16. 杂油59

(1) 品种特征特性　杂油59是陕西省杂交油菜研究中心利用甘蓝型油菜雄性不育系陕3A和单低雄性不育恢复系垦C8杂交配制的雄性不育三系杂交种。

该品种甘蓝型，偏春性，生育期短。在我国北方春油菜区春播，全生育期105天左右；在黄淮区秋播可比当地甘蓝型油菜迟播1周，全生育期240天左右；在冬季不冻的长江流域可从当年10月到翌年2月中旬均可播种，并能正常成熟收获。该品种是一个适应性广、播期弹性大的优质油菜杂交种。在每亩1.2万株密度下，株高160厘米左右，有效分枝部位70厘米，一次有效分枝数8.4个，全株有效角果300个左右，每果粒数26粒，千粒重3.0克左右，较耐菌核病，轻感病毒病。

(2) 适宜推广地区　适宜我国北方春油菜区春播，黄淮长江流域冬油菜区秋、冬播，秋播应适当晚播。

(3) 栽培技术要点

①播期：春油菜区力争早播，当土壤解冻时应抓墒情抢时下种；黄淮冬油菜区可比当地油菜迟播1周左右；长江流域冬季气温高，早播易早花，可从当年10月起播到翌年2月中旬。

②播量：直播每亩0.25公斤，育苗移栽每亩苗床用种0.5公斤。

③密度：春油菜区栽培密度3万~4万株/亩；冬油菜区一般控制在8 000~10 000株/亩，晚播田1.6万~2.0万株左右。

④施肥：施足底肥，增施磷钾肥，施好硼肥。一般亩施氮肥10～12公斤；过磷酸钙30～50公斤或磷酸二氢铵10公斤；高产田块应根据土壤缺钾的情况补施钾肥；长江流域土壤缺硼严重，土壤缺硼会发生花而不实症，应按土壤缺硼程度亩施硼肥0.5～0.75公斤或喷施高效速溶硼肥，在薹期分两次亩喷100克。

⑤管理：在黄淮流域冬油菜区，一般在6～7片真叶期喷150毫克/公斤多效唑，11月中下旬临冻期培土，防冻保苗。长江流域要注意排涝防渍，并及时防治病虫害。

三、油菜秋发高产栽培技术

作物栽培研究应把高产、超高产及其科学规律作为基本研究内容。Wittwer 认为："最高产量试验应成为未来农业研究的主要部分"。我们认为把油菜高产、超高产规律作为油菜栽培研究的主要内容，是"科研要走在生产前面"的需要，也是生产发展的需要。我们在 20 世纪 60 年代研究油菜丰产规律（100 公斤/亩），70 年代研究油菜高产规律（150 公斤/亩），80 年代以来则开展了更高产（200 公斤/亩）和超高产（250 公斤/亩）规律的研究。在一定条件下，油菜冬前生长愈好，春后产量愈高，这是冬油菜的重要高产规律。油菜秋发高产栽培技术，就是力促油菜在秋末开盘发棵，11 月底呈现强根健株形态，即植株有绿叶 9～10 片，叶面积指数 1.5～2.0，植株地上部分干重每亩 150 公斤以上；越冬前（12 月底）植株绿叶 13～14 片，叶面积指数 2.5～3.0，地上部分干重达到每亩 250 公斤以上。

秋发高产栽培要求充分利用秋季有利的光温条件，让油菜早发高产。然而我国多熟种植模式与油菜秋发高产的客观要求存在一定季节矛盾，如长江流域种植制度以油—稻—稻和油—稻两种模式各占一半，油—稻—稻三熟区晚稻一般要在 10 月下旬才能收获；而在油—稻两熟区，种植生育期特长的一季晚稻（高产品种），收获期在 10 月中下旬；在油—棉两熟旱作区，最后一批棉桃采收完，拔除棉秆则要到 11 月上旬。如果等前茬作物完全离田之后再播种油菜，生育期已经偏晚，油菜肯定不能"秋发"。通过育苗移栽，提前在苗床培育大壮苗，待本田收获之后，再将大壮苗移栽到大田，可以很好地解决季节矛盾，达到秋发高产的目的。

油菜育苗移栽的苗床面积小而集中，便于精细整地、播种和苗情管理，有利于培育大壮苗。移栽时，可有意剔除病、弱苗，选用整齐一致的大壮苗进行移栽。并可根据各农区的资源配置和品种特性，合理安排栽植的行、株距，做到匀苗密植。

（一）培育大壮苗

1. 做好苗床

首先要选好苗床用地，保证苗床质量和面积。油菜苗床应选择在地势平坦、不受荫蔽、远离畜禽、2~3 年未种过油菜或其他十字花科作物的旱稻田或进行过水旱轮作的地块。如在丘陵旱地上，可安排在春花生或早黄豆地上作苗床；苗床面积与本田（移栽大田）的比例严格控制在1:4~1:5。

2. 适期播种

油菜对播种期的反应十分敏感，适期播种是培育油菜大壮苗的一项重要措施，相对于本田来讲，苗床的密度很大，如果播种过早，油菜苗在苗床生长期过长，植株地上部分过大，互相遮盖、争夺营养和水分，易导致弱苗（高脚苗、黄化苗或长叶柄苗）；若播种过晚，幼苗在苗床上养分积累不够，达不到壮苗标准。决定播种期要注意以下几点：

使油菜各生育期与当地最适气候同步，各地适宜的油菜播种期，应定在旬平均气温 20℃左右，而移栽期大约在旬平均温度 13~15℃左右为宜。如在湖北省气候条件下油菜的适宜播种期一般在 9 月上旬至中旬。如鄂东南稻—稻—油三熟地区，油菜育苗播种期一般在 9 月10~15 日；江汉平原稻—油或棉—油两熟制地区一般在 9 月5~10 日进行播种育苗，鄂北和鄂西北山区一般要比江汉平原地区提早 3~7 天进行播种育苗。

根据当地种植制度和前茬作物收获期确定苗床的最佳播种期，早茬早播种育苗，晚茬适当推迟播种育苗，即分期分批播种育苗。一般从出苗到移栽，苗龄控制在4个星期内最好。

3. 精整苗床地施足基肥

（1）精整苗床地　油菜种子细小，如果整地粗放，土块大，种子容易落入深层缝隙中或被大土快阻挡，出苗困难，造成缺苗断苗现象，苗床不整齐，不利于大壮苗的培育和管理。

要根据土壤墒情，及时翻耕晒垡，使土壤疏松细碎。如果整地时天旱、墒情不好，应灌水后整地。在地势较高、土质疏松、灌溉条件好的地方，苗床可以做成平畦；地势较低或土质黏重的水田苗床，必须做成高畦，畦宽一般为133.3厘米，畦沟为33.3厘米较好。

油菜苗床整地总的原则是：翻地不必过深，土壤必须细碎，厢面必须平整。

（2）施足苗床基肥　油菜出苗后就要不断地从苗床土壤中吸收养分，因而需要有一个良好的土壤营养条件。苗床基肥应为有机质肥料和一定量的氮、磷、钾的配合肥料。有机肥一般每亩用土杂肥400～500公斤，或猪粪200公斤左右，或人、畜粪尿200公斤左右，这些肥料有机质丰富，氮、磷、钾等元素齐全、结合整地施用，一是可增加土壤营养，二是可以改良土壤结构，使黏土疏松，使沙性土壤形成团粒，有利于培育壮苗。基肥增施磷肥有特别重要的作用，油菜苗期是磷肥的高效期，磷能促进根系发育，增强幼苗的抵抗能力。因此一般每亩施过磷酸钙25～30公斤，或氮、磷、钾复合肥20公斤左右，硼砂1公斤，对油菜幼苗期的叶面积、全株干重的增长都有重要作用。

基肥的运用也要因地制宜，如苗床地土壤比较肥沃，有机质充足，其他条件也较好（如棉田套播育苗），就应少施或不施有机质作基肥，只需施足磷肥。如苗床地土壤过瘠薄，速效养分含量又少（如瘠薄稻田），除施足基肥外，播种做畦时尚需增加适量的速效化肥作“种肥”，每亩施尿素4～5公斤，才能满足幼苗对养分的需求。

在施基肥过程中，严禁施用油菜茎秆和果壳堆制成的有机肥料，一是防止油菜茎秆中的菌核带入苗床地，传播菌核病；二是避免因油菜果壳中还藏有其他油菜种子，影响油菜幼苗的纯度和品种质量。

(3) 苗床播种量的优化　根据油菜种子的净度、发芽率、苗床的土质、土壤墒情等因素优化苗床油菜播种量。油菜属于小粒种子作物，按照培育壮苗标准要求，一般每亩留苗35 000～40 000株，以出苗率80%计算，每亩播0.4～0.5公斤种子（每公斤有油菜种子32万～36万粒）即可供4～5亩本田移栽用。优化播种量，可以减少间苗用工、有利防止高脚苗及弱小苗。如果种子发芽率高，土壤疏松、墒情好，播种量应适当减少，反之播种量应当增多。

(4) 匀播浅盖、一播全苗　油菜播种时必须做到抢墒稀播、匀播，最好按厢（畦）面积大小计算好播种量。为了使种子撒匀，播种时可拌和一些细土，细渣肥或用炒熟的油菜籽混匀撒播。种子播完后应及时用细土浅盖，或撒一层薄薄的细土、渣肥，使种、土密切接触，起到保墒提墒的作用，使之早出苗、出全苗。苗床播种时如遇长期干旱，播完后即可用稻草铺盖在畦面，并泼透水，2～3天后如见种子萌动，即可撤掉稻草。如果没有稻草可覆盖，也应该每天下午16:00～17:00时泼水，坚持数天，直到种子萌动出苗。

4. 苗床管理

苗床管理是培育壮苗的重要环节，必须根据油菜幼苗生长发育规律，在苗床管理上采取促—控—促的管理措施。即从播种到出苗后3～4片真叶之前，要精细管理，促使出苗整齐健壮；5叶期后要采取控制措施进行炼苗，促进根系发育，防止地上部分徒长；到移栽前1周左右，如果幼苗发红，应及时施肥。因此为了培育壮苗，苗床管理上应抓好以下几点措施：

(1) 早间苗、早定苗　一般苗床间苗2～3次，第一次在齐苗时进行，主要是间除丛苗，不使幼苗密集丛生；第二次在出现第一片真叶时进行，要求叶不搭叶，苗不靠苗。苗距约3～5厘米见方。出现3片真叶时进行定苗，苗间距以6.66～8.33厘米为宜。间苗原则是“五去五留”，即去弱苗留壮苗，去小苗留大苗，去杂苗留纯苗，去病苗留健苗，去密苗留匀苗。

(2) 早施肥、早治虫　苗期的追肥次数和施用量应视幼苗生长情况确定。2～3片真叶时，如果叶色由绿转黄发红，生长缓慢，应立即追肥（3公斤/亩尿素）提苗。生长到5片真叶根系比较发达时，应适当控制肥水，促使秧苗老健，达到壮苗移栽。

油菜苗期是治虫的关键时期，因此治虫一定要治早、治小，力争把害虫消灭在发生初期和部分地块。油菜苗期害虫主要有蚜虫、菜青虫等，在出苗后开始为害。可用药剂氯氰菊酯+40%的乐果1:2 000倍溶液防治。

(3) 化控促矮壮　在油菜三叶期喷多效唑（有效含量15%的多效唑50克或有效含量5%的烯效唑20克，兑水50公斤），能促使油菜壮根、增叶、茎脚变矮，防止徒长。经过多效唑处理的大壮苗，移栽到本田之后，还能有效地防止油菜早薹早花现象。有利于高产稳产。

（二）精整本田，适时移栽

1. 精整本田、施足底肥

稻茬田经过长期灌水，土壤板结、通透性差，湿时黏结，干时僵硬，地温低，微生物活动力弱，有机养分少，肥料的分解和转化慢，而且还含有一些有毒物质，因而不利于油菜的精细移栽和发根长苗，往往影响高产。所以水稻收获后应及时起板翻耕晒垡，待栽植前1周内再耕耙1～2次，通过精细整地加厚土壤的疏松层，改善土壤理化性状，以利于排水灌溉，调节土、水、气比例，提高地温，加速土壤微生物的活动，使土粒细碎匀松，无大泥块、大空隙，为提高移栽质量和发根壮苗创造良好条件。稻田的整地方法主要应抓好4个环节：①提早排水降湿。在后季稻停止灌水后尽快在田中和四周开好排水沟，以利及时排除积水，降低土壤湿度。②抢住有利时机抓紧耕翻、碎土。在土壤干湿适度时，要充分发挥拖拉机、耕牛和人力的潜力，集中力量耕翻整地，经过二耕二耙或三耕三耙，深度15厘米左右，并配以人工斩削，把泥块捣细整平。③结合整翻，施足有机质肥料，改良土壤，培肥地力。④深开沟，精做畦。畦的宽度因地制宜，在地热较高，灌排都较方便的地方畦可适当宽些；在地势低洼，易涝易旱的地区，为了便于灌排，畦可窄些，一般以1.75米宽较为适宜。⑤施足底肥。施足底肥能使油菜移栽后源源不断地吸收到养分。如果底肥不足，移栽后营养不足，根系发育差，成活返青慢，“三追不如一底”，一般底肥用量应占总肥量的60%。底肥要采取有机肥与无机肥相结合，一般每亩施腐熟有机肥（非油菜秆和角壳堆制而成的有机肥）1 500公斤或复合肥30公斤+尿素2.5~3公斤、过磷酸钙375公斤、硼砂4.5公斤，在耕整耙细前均匀施入土中。

2. 适时早栽

大壮苗适时早栽，充分利用冬前有利的光热条件，壮大植株，达到早发棵。能延长冬前的有效营养生长期积累较多的营养物质，增强抗寒能力，达到壮苗越冬，为春发稳长奠定基础。如果移栽太迟，气温下降，返青期延长，有效生长期就会相应缩短，且根、叶生长缓慢，冬前营养体小，抗寒力差，生长势弱，原有的绿叶会变红脱落，即使移栽时是壮苗也会转化成弱苗。因此当苗龄已够，长相达到壮苗标准且已整好本田时，即应取苗移栽。

3. 保证移栽质量、合理密植

移栽时应将根系基本理顺，自然伸展，将菜苗摆正直立栽植。同时栽植深度必须适当，矮脚壮苗、小苗在温度较高时宜较浅，以利根系发育。但应使泥土盖至最下叶的叶柄基部，过浅不利于固根防倒。而对高脚苗则一定适当深栽，以增强抗寒防冻和固根防倒的能力。取苗要求：①力求少伤根系。②多带附根土。③选取大小相同一致的苗，分级分田块移栽，剔除小、弱、病、虫伤、高脚苗和杂苗。

根据湖北省的生态条件，一般江汉平原和鄂东南地区，甘蓝型中早熟油菜，在10月下旬开始移栽，11月上中旬移栽结束比较适宜，移栽苗龄一般在35～40天为宜。

移栽油菜栽培密度一般以8 000株/亩左右为宜。

（三）加强田间管理

1. 浇活棵水

菜苗栽入本田后，要及时浇活棵水，使根土密接，保持土壤湿润，促发新根。但在注意供水的同时，也要保证良好的土壤通气状况，否则易烂根死苗。因此，移栽时水要轻浇，尤其是黏壤土质的田块，遇到土壤过干时，以浇活棵水的效果最好，不要沟灌和漫灌。

2. 中耕松土

及时中耕松土可迅速改变土壤不良的环境条件，促进油菜根系发育。一般移栽油菜成活返青后，进行第一次中耕，这次要浅锄，主要是松动根部周围的土壤，使根部通气良好，加速新根生长。油菜第二次中耕可在冬前，结合追施腊肥进行，这次要深锄，使肥料渗入土中，并进行壅根培土。

3. 早施苗肥

油菜是需肥较多的作物。油菜从苗期到现蕾阶段，需要吸收的氮、磷、钾肥占全生育期吸收总量的43%～50%，因此苗期早施肥，是促进叶片生长，增强光合作用，积累较多的营养物质，实现壮苗安全越冬的重要措施之一。

施肥要根据品种特性、油菜生长苗势、地力肥瘦、茬口和移栽早迟等具体情况，确定施肥时期和用量多少。春性较强的品种，年前容易抽薹，苗期要适当控制，施肥不宜太多；相反，冬性较强的品种，可以多施一些。壮苗、早栽、土质肥的田块可以少施，弱苗、迟栽、土质差的田块要早施、勤施、多施，配合中耕松土，促进早生快发。

4. 重施腊肥

“冬上一次肥，好比三冬盖棉被”。腊肥对土壤起着保暖作用，既可以提高地温，有利于根系发育，同时又可给油菜提供养分，提高细胞原生质的浓度，增加抗寒能力。

腊肥一般多施用肥力持久的农家肥料，经过冬季的腐熟分解，可改良土壤，提供春季油菜旺盛生长时所需的一部分养料，一般称为“腊施春用”。如不便于施用农家肥料，也可按每亩施7.5公斤左右尿素作为腊施。

5. 清沟排渍，防治菌核病

菌核病是油菜生产上的主要病害，几乎全世界所有温暖潮湿的油菜产区都有发生。我国长江中下游及东南沿海一带发病最严重，几乎各类品种都会有不同程度的感病。因此，在湖北省鄂东南稻—稻—油三熟地区和江汉平原稻—油或棉—油两熟制地区，由于田土湿、土质黏重，为了降低田间湿度，减少病菌的孳生场所，有效防治菌核病发生，整地时一定要多开沟、开深沟，开春后及时清沟排渍。

同时，为了有效地防治菌核病发生，还可在初花期后1周用药剂（50%多菌灵可湿性粉剂500~1 000倍液或菌核净粉剂1 000~1 500倍液）喷洒植株中下部进行防治。每次每亩喷洒药液80~100公斤。

四、油菜直播高产技术

油菜直播栽培不需要育苗，也不用移栽，省工省力，有利于实行规模化、机械化大生产。目前世界上农业机械化发达的国家油菜种植大都是采取直播。直播油菜还具有主根系发达、抗倒伏能力强等优点，越来越受到广大农民的欢迎和重视，近年来油菜直播种植面积逐年扩大。

直播油菜夺取高产的关键是抓全苗、合理密植、加强田间管理。

（一）抓全苗

1. 精选良种，保证种质

选择优质双低品种是获得高产的前提条件。直播油菜播种期一般较移苗移栽晚，直（迟）播油菜应以高密度(2 万 ~ 3 万株/亩）控制个体生长，压缩下位低效分枝，使主序和上部高效分枝的生产力得到充分发挥，获取高产。要选择下位分枝少、耐密植、抗倒伏的油菜品种。

2. 精细整地，施足底肥

直播油菜与移栽油菜相比，根系入土较深，大部分根群集中于土下20 ~ 30 厘米范围以内，主根及少数支根还可能深达 100 厘米以上。因此，为了有利于根系发育，使其向土壤深层发展，以充分利用土层深处的养料和水分，在不破坏犁底层的前提下，在前茬作物收获后，要趁土壤湿润进行翻耕，且力求深耕，一般要求达到 20 厘米以上。翻耕后充分暴晒，然后趁土壤干湿适宜的时机进行耕耙保墒，并开好厢沟、腰沟、围沟，做到三沟相通，以利灌水、排水。达到表土疏松细碎，水气协调，田面平整，为早出苗、出全苗创造一个良好的土壤环境。同时，应结合耕整每亩施腐熟有机肥1 000公斤或复合肥 50 公斤（严禁用油菜茎秆和角壳堆制而成的有机肥），尿素2.5～5 公斤，过磷酸钙 2.5 公斤，硼砂 0.15 公斤作为底肥，全层均匀施入土中。

3. 适期播种，一播全苗

同育苗移栽比较，同一品种在相同条件下，直播油菜播种期应推迟10～15 天。这是因为直播油菜没有返苗期（移栽苗生长滞后现象）、播种过早容易出现早花早薹现象。农谚“寒露油菜、霜降麦”是湖北的油菜播种经验。但随着播种期的延迟，全生育期特别是营养生长期相应缩短，使株体矮化，枝、果减少，单株生产力降低，因而导致减产。因此直播油菜应适当增大种植密度，以增加群体数来弥补个体不足。湖北省直播油菜适宜播种期一般在 9 月底或 10 月初。

（1）提高播种质量　为便于播种和控制播种量，可加 0.5 公斤炒熟的菜籽混合播种，力争均匀一致，一播全苗。早熟品种的播期可稍迟，土质黏重、肥力较差的宜播得较密，播后浅覆土。为确保苗全、苗匀，除按要求抓好上述整地、播种质量外，还可在厢头适当多播点种子，以利移苗补缺，但补缺的苗必须带土移栽、及时浇水，以利快速返青活苗。

为了提高播种质量，推荐采用条播或点播：

（2）条播　根据地势，确定厢宽，一般在2～2.5 米。将土壤耙平以后，按 1 尺（0.33 米）的行距开播种沟（细、浅），深约3.3～6.6 厘米。将种子均匀溜到种子沟中，甘蓝型油菜种子每亩播种0.4～0.5 公斤，山区多用火土粪拌种，顺沟播下。可将菜籽装在空可乐瓶内，盖上瓶盖，并在瓶盖上扎1～3 个小孔，孔的直径略大于种子。再将可乐瓶绑在竹棍上。播种时，不用弯腰，手持竹棍沿播种沟前进并上下不停地振动，使种子均匀撒下。这种方法简便，落籽稀密容易检查，播种量容易掌握，播幅小，便于后期管理。播种后盖一层薄土，或盖土杂肥，使种子在湿润的情况下早出苗、出全苗。有些地方在播种沟里施水粪，然后盖种，每亩用土杂肥300～400公斤拌和过磷酸钙20公斤左右堆沤1个月后盖种，可供种子发芽所需的养分，促进油菜壮苗早发。

（3）点播　这种方法比较简便，也叫穴播。水稻田土质黏重，整地困难，土块不易整细，开沟条播不方便，可采用点播。点播开穴也有一定要求，穴深3～5厘米，穴底要平。泥土必须细碎，行距要直，穴距要匀。穴内施水粪，以利种子发芽，土干时多兑水，土湿少兑水。穴内如施过磷酸钙等化学肥料，必须同泥土充分拌匀，以免烧芽。播种时，每穴下种10粒左右，不宜太多，以免间苗费工，种子可以和土杂肥拌匀一同播下，阴雨天不必盖土，晴天盖一层薄土。

（二）合理密植

油菜育苗移栽劳动强度大，栽培密度一般只有6 000～8 000株/亩，进一步提高栽培密度，劳动强度更大，没有可操作性。育苗移栽主要靠适时早播、壮大个体、提高一、二级分枝数和增角增粒，提高产量。秋发栽培即是油菜高产栽培史上重视个体充分发育的典范，由于油菜开花分枝的潜力在秋季就由叶腋数决定了，生殖发育在冬前或越冬期已经开始发生，因此，油菜冬前植株的长势长相与春后产量密切相关，赵合句等对秋发油菜的冬前性状指标作了定量的描述，为油菜的高产栽培提供了指导依据。直播油菜由于受前茬作物生育期的影响，播种期要比移栽晚，冬前生长量小，常常造成后期群体角果数不足，影响直播油菜产量的进一步提高。在实际生产中，如盲目加大肥料的投入，一方面会增加成本，效果有限；另一方面还可能加重环境污染。增加种植密度，成为了群体增产的途径之一，迟直播油菜通过增加密度

(2万~3万株/亩)，增加单位面积角果数（密植增角），获取高产。我们采用三元二次回归旋转组合设计，以密度、氮肥和磷肥为变量因子，重点研究了直播条件下油菜冬前植株特性与产量的关系；种植密度、氮肥和磷肥水平对油菜产量的影响，证明密植增角是油菜直播高产最有效的途径。

选用现有品种，直播油菜合理密植以15 000~18 000株/亩为宜。由于品种的不断更新，将来随着少分枝、矮秆、耐直播、适宜机械化生产的品种的出现，直播油菜栽培密度将可提高到25 000~35 000株/亩。

（三）田间管理

1. 早间苗、早定苗、早治虫

直播油菜及时间苗、定苗，是保证增产的一项关键技术措施。大面积的油菜生产，直播往往不如移栽油菜产量高的主要原因是间苗、定苗不及时，幼苗生长拥挤，形成软弱纤细的高脚苗。特别是在点播的情况下，穴内种子多，幼苗密集，如不及时间苗很容易造成“苗挤苗，苗荒苗”的现象。“油菜间早，越长越好，油菜间晚，老来光秆”的农谚就充分说明了早间苗的重要性。一般早间苗比晚间苗的不仅长势好，产量也可提高1~2成。

油菜间苗一般分两次进行，第一次在2片真叶时进行，梳理窝堆苗、拥挤苗、密集苗，第二次在4~5片真叶时进行，按单位面积要求的种植密度间苗，并结合定苗。在播种早，土壤肥沃、幼苗生长快或生长密的田块，要提前间苗，苗稀的可以迟些间苗。雨后土湿不要间苗，以免将土壤踩板结。间苗方法有用手扯和用锄间两种。用锄间苗，可结合中耕除草，工效较高，但不易达到除弱苗、留壮苗，除杂苗、留纯苗的目的。手工间苗工作质量好但效率较低。为了提高工效，建议在生产上第一次用锄间苗，穴播的可剔除中间弱苗，条播的每9~15厘米留2~3棵苗。

农民间苗的经验是：穴播的，每穴留3株，间成“品”字形；留4株的间成“口”字形；留5株的间成“梅花”形；条播的间成“之”字形。定苗时根据品种特性、地力肥瘦和施肥的多少等条件，制定合理密度的株行距，去坏苗留好苗，去弱苗留壮苗。结合定苗进行一次除草松土，干旱时要浇水补墒增墒。

出苗后注意观察虫情，苗期对油菜为害最大的虫害主要是蚜虫和菜青虫。在苗期有蚜株率达10%，菜青虫虫口密度每株1～2头或菜青虫幼虫在3龄以前及时用药剂氯氰菊酯+40%乐果1:2 000倍溶液防治。

2. 追施提苗肥

定苗后，及时追施尿素3公斤/亩或用清水粪泼浇一次，半月后再次追施5公斤/亩尿素提苗，可兑水穴施或雨前撒施。

3. 配方施肥，增施硼肥

在肥料施用上一定要做到氮、磷、钾配合，有机肥和化肥配合，油菜氮、磷、钾配方的经济施肥量（一般指亩产125～150公斤）大约为12:6:4。缺硼缺磷地还必须增施硼、磷肥料。硼是油菜一种不可缺少的向量元素，土壤缺硼油菜往往会发生“花而不实”现象。不同油菜品种对硼的需求量存在着较大的差异。一般来说，甘蓝型油菜品种>白菜型或芥菜型油菜品种。甘蓝型油菜品种对硼的需求虽然特别敏感，但又各有不同。一般是，甘蓝型杂交双低>常规杂交甘蓝型品种>双低品种>常规油菜品种。湖北省红、黄壤和重沙质土壤硼的有效含量极低，在这些土壤上种植油菜，每亩应增施1～1.5公斤硼砂肥，其中大部分要求在整地或成厢时均匀地撒施于厢面，再撒施其他底肥；另小部分硼肥可配制成浓度为0.1%～0.3%的含硼水溶液（硼砂0.1～0.3公斤加水100公斤）在抽薹至初花前均匀地喷施于植株叶片上。

4. 早施、重施腊肥

苗后期（12月底）要看苗、看天合理施肥，以掌握早发稳长，不早衰、腊肥春用为原则。早施、重施腊肥。气温低，土壤肥力差，菜苗长势弱，茎秆显紫红色或有早衰趋势的油菜要重施腊肥。早熟品种要早施少施。干旱土壤缺水，要肥水结合起来，以水促肥，及时发挥肥效；多雨地湿时，穴施或结合中耕除草撒施。一般以亩施尿素6～8公斤为宜。

5. 叶面喷施硼肥

油菜抽薹前用0.3%的硼砂溶液喷施1次，增加硼肥的需求。

6. 清沟排渍和抗旱保墒

开春后阴雨连绵、雨水明显增多，易造成土壤水分过多，通气不良，妨碍根系生长，阻碍养料吸收；同时由于田间湿度大，容易滋生病害。因此要在冬前开沟的基础上，春后及时清理“三沟”，保持排灌畅通。遇蕾薹期气候干燥，雨量少，出现干旱时，应根据土壤墒情适当灌溉。对春发不足的油菜要结合施肥早灌，以水促肥。

7. 及时中耕除草，促进春发稳长

随着春后雨水增多和气温上升，杂草生长迅速，因此在早春应及时中耕除草，疏松表土提高地温，改善土壤理化性，促进根系发育。中耕有切断菌核病子囊柄和埋没子囊盘减轻菌核病的作用，中耕时结合培土壅根，可以增加油菜抗倒能力。同时在雨水多、杂草多、油菜春发过猛时，中耕除草还有切断部分根系，抑制油菜生长的作用。

8. 防治菌核病

初花期后1周内，施用含40%的菌核净可湿性粉剂1 000～1 500倍液，即每亩用100克菌核净兑水50公斤喷施，重点对植株中下部喷药以防治菌核病。

五、油菜轻简化栽培技术

轻简化栽培技术的核心是节本增效。随着农村青壮劳动力向城市转移，劳动力成本越来越高，传统的油菜栽培技术需要投入大量活劳动力的情况，已经不适应农村社会发展和农民增收的需求。农户迫切需要作业工序简单、工时少、劳动强度小的实用栽培技术。从农业的可持续发展看，资源集约高效利用技术、环境友好栽培技术等，也已经成为轻简化栽培技术的主要内容。

目前油菜轻简化栽培技术已经具有较多的实践积累并已开展相关研究的主要有免耕（又称板田、板茬）直播、免耕移栽、机械整地播种与机械收获三个方面。

（一）油菜少（免）耕栽培技术

油菜免耕栽培是指在前茬作物收获前后，不经过耕翻整地，板田直播播种或移栽油菜的种植方式。

自然免耕法是近 20 年来栽培技术的一次革命，采用免耕法，可在适期范围内提早播种后茬作物，可以充分利用温度、光照、水分等自然条件，免耕法可防止土壤退化。我国长江流域油菜的播种移栽时间往往与水稻、棉花茬口发生矛盾，同时常出现“夹秋旱”、阴雨连绵的天气，以及由于冷浸田、土壤黏重、翻耕地困难而延误油菜播栽期，采取免耕栽培方式，可有效解决季节矛盾及湿害等问题，还可以节约劳动力，降低生产费用，提高经济效益。此外，免耕促进土壤“气血”畅通，生机旺盛，增加土壤的代谢性和可塑性，从持久效应来说，免耕法可防止土壤退化。

1. 稻板田免耕直播，稻草覆盖直播

前作为10月5日以前能够收获的早中熟水稻。应在水稻勾头撒籽时适度晒田，在水稻收割前5～7天开沟滤水，保持土壤湿润。收割后立即开好“三沟”，做到深沟高畦。将沟土打碎均匀撒于畦面，以利畦面平整。若遇多雨天气，要先人工开几条竖沟排除积水，待天气转晴后再补开厢沟。收割水稻后趁田土潮湿播种，防止割放稻而造成田土过干，影响出苗或成活。

直播油菜应争取在9月底至10月上旬尽量早播。

稻草覆盖免耕直播是在稻桩上覆盖稻草后播种油菜的方式。这种方法不仅保土、保水、保温，抵制杂草生长，还可避免焚烧稻草而污染空气。稻草腐烂后所形成的腐殖质大于一般农户习惯用量的农家肥。

收获水稻时尽量低留稻桩。每亩施用油菜专用复合肥2.5～3.5公斤作底肥后，再用300公斤左右的干稻草均匀覆盖，草过厚会造成油菜出苗困难，过少不能有效抵制田间杂草。一般在9月15日至10月15日播种，每亩用0.25～0.35公斤种子与细沙混合全田均匀播种。

2. 稻板田免耕移栽

免耕移栽的油菜应确保选用6～7叶矮脚壮苗，于10月下旬和11月上旬移栽。秋发油菜在10月20日前移栽。力争水稻收后土壤湿度70%左右移栽，避免烂田移栽。

3. 谷林套播油菜

一般掌握稻油共生期5～7天左右；种子进行物化处理，共生期可延长至10～15天，但最好为7～10天。应选择早熟晚稻茬口，注意播前起好围沟。最佳播期在10月20～25日，最迟在10月30日前播种。应避免油菜苗在荫蔽条件生长时间过长，形成高脚苗；播前用微波或调节剂处理种子，有利于避免共生期间菜苗下胚轴伸长伏地进而严重影响成苗的问题。掌握适墒播种，尽早开排水沟，加深围沟。腾茬后开沟前及时施用壮苗肥。

4. 免耕栽培技术要点

(1) 保证播种移栽质量，合理密植　免耕直（套）播一般播量为0.5～0.6公斤/亩。每公斤种子用15%多效唑1.5克拌种有利于防止高脚苗。播种方式可采用板式田开沟条播、撒播，或挖穴点播、移栽。一般采用宽行47厘米、窄行33厘米的宽窄行方式种植。直（套）播应结合中耕追肥及早间、定苗。1～2叶期匀苗，4～5叶定苗，留苗密度每亩1.5万～3.0万株/亩，随播期推迟留苗密度应相应增大。

(2) 及时中耕培土　免耕油菜地没有进行耕翻，土壤板结，必须在苗期深中耕2～3次，结合进行培土壅根，疏松土壤，促进根系下扎，以防后期倒伏。第一次11月份进行浅中耕，中耕深度3～5厘米，在地面沟泥干爽后及时碎土培根；第二次在12月份深中耕5～10厘米，在行间铺施麦稻草后，用沟土盖住；第三次是早春浅耕，起到松土升温通气、控制杂草、促进根系发育的作用，但应防止伤根。

(3) 及时化学除草　免耕田杂草多，尤其是套直播油菜地。在播种或移栽前3～5天，每亩用50%扑草净100克加12.5%盖草能30～50毫升，兑水50～60公斤土壤表面喷雾。前茬收获立即播种的田块，如果以禾本科杂草为主，每亩用10.8%高效盖草能乳油20～30毫升兑水50公斤，于杂草3～5叶期喷雾；以阔叶杂草为主的，每亩用高特克25～30毫升兑水50公斤于油菜6～8叶期喷雾；禾本科杂草、阔叶杂草混生的每亩可用17.5%快刀乳油100～130毫升兑水40公斤于杂草2～4叶期喷雾。

(4) 科学施用肥料　试验表明免耕油菜以氮肥全程平衡施用比基肥一次施用要好，应注意增施磷、钾肥。免耕油菜一般底肥少，追肥又大多施于表土，在油菜生长后期容易出现早衰现象，因此要增施腊肥，追施薹肥，后期看苗补施花肥。

(5) 防旱、防渍、防治病虫害　稻田免耕栽培最关键的问题是避免渍害，因此要坚持做好雨前理墒，雨后清沟，防涝防渍工作。若遇秋、冬干旱，一般灌溉 1～2 次，直播油菜比育苗移栽的密度大，一般在抽薹盛期做好打黄叶、脚叶工作，以利通风透光，减轻病虫害。蕾期重点防治蚜虫、菜青虫，花期重点防治菌核病。

（二）油菜机械化生产技术

1. 机械精量直播

南方油菜机械直播是最近几年来发展起来的一项省工节本的高产高效栽培技术。目前我国冬油菜播种机大多采用稻麦条播机，改换排种器，调整行距后播种油菜（如江苏、上海、安徽等地）。近年来湖北天门等地开始试用机动喷雾器喷播、精量条播器两种机具。前者由机动喷雾器改装而成，具有省工、精量、均匀、苗壮的特点；后者是一种 5 行 5 穴，每穴 2 粒种子的手施式机具，比人工撒播节省种子，减少间苗用工。

宜选用生育期较短、冬发与春发性好，花期集中，主花序结角性强，每角粒数多，千粒重的品种，茬口上可选择杂交稻、早熟中粳稻以及其他让茬较早的旱作物茬口进行机条播，以实现早播早苗。

机械播种油菜应重施基苗肥，一般每亩用复合肥料 40 公斤左右，通过机械深施入土壤耕作层（深约 0.5 厘米左右）。种肥用量0.8～1.0 公斤/亩，种肥选用吸湿性较差的进口复合肥，筛去大于 3 厘米以上的肥料粗颗粒，防止排种口堵塞。最好是选用包衣种子，包衣剂通常带有种子发育所必需的营养元素和杀菌剂等，种子颗粒大，不仅便于播量的调整和控制，还有利于壮苗，克服缺苗断垄现象。减少苗前期疏苗、补苗的工作量。

机条播油菜应先机械整地开沟，畦沟宽2.4～3.6 厘米，每畦播6～9 行。宜采用宽行条播，平均行距40～50 厘米，有利于提高中后期田间通风透光的能力，便于病虫草防治等田间操作。

4～5叶期定苗，9月底播种的留苗1.5万～2万株/亩，10月10日左右播种的留苗2.5万～3万株/亩，及时补种或移苗补缺。出苗后定期清理疏通沟系，并开控配套好排水沟和出水沟。

机播油菜杂草基数较高，草害往往较重，应在油菜播后30天左右，杂草基本出齐时及早喷施化学除草剂。早播田块和旺长田块应在11月底12月初用多效唑30～50克/亩化控。机条播油菜群体大，田间较荫蔽、湿度大，病虫害也较移栽油菜重，尤其是蚜虫和菌核病，应及早用药防治。

2. 油菜机械化收获技术

机械收获油菜可节省用工，降低劳动强度。我国油菜收获机械化技术还处于示范试验阶段。目前主要采用两种机械收获方式。

一是分段收获，先由人工或割晒机切割铺放，割茬25～30厘米，厚度8～10厘米。经5～7天晾晒后，当籽粒含水量下降到14%时，再用联合收获机拣拾、输送、脱粒、秸秆还田。这种方式收获期较长，机械作业成本高，但能提高油菜品质，降低水分，增加产量。

二是联合收获。以前主要利用稻麦联合收割机，稍加结构改进和调整进行油菜收获、秸秆还田作业。这种机具工效高，作业成本低，可避开阴雨灾害，油菜适当晚收有利田间后熟，但收获损失率一般为15%～20%。近年来，我国开始试制专用油菜收获机并取得良好进展。如上海市在2002年研制的油菜收割机，整机采用国产橡胶履带式行走底盘，重点对组合式割台、脱粒分离结构、清选结构、秸秆粉碎抛撒结构进行了优化设计，机具割幅宽度1.9米，割茬高度30～35厘米，使用可靠，收获质量好，损失率低于5%，含杂率低于3%，每小时能收获和脱粒油菜3～4亩。

采用机械收获最好选用分枝部位较高，角果层集中，成熟期较一致，茎秆坚硬抗倒，角果不易炸裂的品种种植。并采用直播方式，适当增加密度。

油菜植株高大，分枝多，上下植株角果成熟度不一致，分枝相互交错，是机械收获作业的难点。过早收获，青荚不易脱净，籽粒含水量较高，品质差，不易储运；过晚收获则角果炸裂，籽粒脱落，损失严重。因此，联合收获的时间要比割晒稍晚一些进行，一般要求 90% 以上果角呈黄色、80% 以上籽粒颜色变黑时方可收获，以免收获时损失和菜籽品质下降。要求成熟一块收割一块，对成熟度较高的地块，应选择早晨和傍晚进行收割，以减少损失。

六、“双低”油菜“菜—油两用”栽培技术

“双低”油菜“菜—油两用”是近年来湖北省武汉、浠水、武穴、天门等地的农业技术推广部门研究开发的新型、实用技术，该技术操作简单、实用性强，增产增收效益高，深受广大农民欢迎。2005年该技术被湖北省农业厅列入重点示范推广的农业实用技术。

“双低”油菜“菜—油两用”技术的核心是选用适当品种，采取超秋发栽培技术路线，主攻早发、早薹、壮薹，创新摘薹增殖技术，实现菜薹、菜籽双高产、双高效。

（一）品种选择

生产上一般选择高纯度、低代别的“双低”油菜种源，才能保证菜薹和菜籽的高品质与高产量。油菜植株中的硫苷含量决定菜薹的风味，硫苷含量越高菜薹味道越苦涩，硫苷含量低，则菜薹脆甜可口、口味纯正。菜籽的品质则与芥酸和硫苷两因子呈负相关，含量越高，品质越差。种子的纯度越高，繁殖代数低，其芥酸和硫苷的含量也越低，这样的种子比较适合用于“菜—油两用”生产。

同时，油菜各个品种之间的生育特性存在明显的差异，作为“菜—油两用”技术的备选品种还应该是苗、薹期生长势强，易攻早发，生育期偏早，具备再生能力强、恢复性能好的品种，这样的品种能在最短的时间内从叶腋中多生长出第一次枝，第一次

分枝生长越早越多，第二次、第三次分枝就越多，构成产量的角果数就越多，才能在获得较高油菜薹产量的同时，兼顾油菜籽的高产。

目前湖北省主推应用的"菜—油两用"油菜品种有中双9号、中双10号、华双4号、华杂4号、中油杂2号等。

（二）培育壮苗

1. 选好苗床

苗床要土质好，排灌方便，地势平，苗床与大田比例为1:5至1:6，结合整地，每亩施腐熟有机肥5 000公斤，复合肥20～25公斤，硼砂1公斤，开好厢沟，厢宽1.5米。

2. 适时播种

为了使油菜薹提早到春节前后上市，缓解春节期间时鲜蔬菜短缺的矛盾，使农户手中油菜薹卖个好价钱，油菜应安排在8月20～28日抢墒播种，遇长期干旱一定要抗旱播种，抗旱育苗，每亩播种量400克，出苗后一叶一心间苗，三叶一心定苗，每平方米均匀留苗110～130株，3～5叶期用666.7～1 000毫克/升浓度多效唑水溶液均匀喷雾1次。三叶期定苗，并及早施提苗肥1次（按每亩施尿素2.5公斤或用清水粪浇于幼苗基部）。

3. 追肥防虫

移栽前5～7天，苗追施尿素2.5～4公斤。苗期注意防治蚜虫、菜青虫，可选用"蚜虱净"或"灭扫利"等药。

（三）抢早移栽

整田和移栽与传统的油菜高产栽培一样，即在前茬收获后即时进行大田精整，土要细、田要平、厢要窄、沟要深。结合耕整大田，施足优质土杂肥每亩5～7.5吨，碳酸氢铵60～70公斤，过磷酸钙40～50公斤，氯化钾10公斤，硼砂1～1.5公斤。

前茬无论是中稻还是晚稻，都要及时抢早移栽。移栽时要对苗床施足水，先扯大苗移栽，移栽时要推广“四个一”：即一个穴、一棵苗、一捧多元复配土杂肥压根、一瓢水定根。

移栽密度是保证“菜—油两用”技术成功的重要因素。根据试验观察，密度越大，油菜摘薹量越高，对油菜籽产量影响越大。因此，要兼顾摘薹量和油菜籽产量，结合地力条件及前茬因素，合理安排移栽密度。地力较肥沃的棉地和中稻茬口的油菜，移栽密度要小一些，宜在8 000株/亩左右，晚稻茬口且地力较差的油菜移栽密度要偏大一些，宜在12 000株/亩左右。

在湖北省一些地方，如天门市，为了提高大田土壤温度，促进油菜苗早发稳长，采用地膜覆盖，破膜移栽。可以保证菜薹产量和提早摘薹上市。

（四）田间管理

“双低”油菜“一菜两用”技术田间管理，要在搞好中耕、除草、防虫治病和即时排渍抗旱的基础上，重点是适量增加肥料。要特别强调“四肥”并重：即整田时施足底肥；油菜活棵后早施追肥，每亩施尿素5～7.5公斤促早发，冬至前后重施腊肥，每亩压土杂肥3吨以上，加施尿素10公斤；提早补施薹肥，在摘薹前7～10天亩施尿素5～7.5公斤。

1. 适时摘薹

在菜薹抽出25～30厘米高度时，摘薹15～20厘米，保留薹桩10厘米左右最为适宜。油菜薹产量取中上值，一般每亩摘薹250～350公斤，油菜籽产量比未摘薹的油菜不减产乃至略增产。摘薹时要先抽薹先摘，后抽薹后摘，切忌大小一起摘而影响菜薹产量和油菜籽产量。

2. 收获菜籽

油菜摘薹后 20 天内，油菜生育期表现出相当大的差异，随着时间的推移，油菜植株间的差异逐渐缩小，至成熟时，"菜—油两用"油菜和常规的没有摘薹的油菜比较，生育期最多推迟 2～3 天，应根据油菜的成熟度，推迟3～4 天收割"一菜两用"油菜。

七、油菜抗逆栽培技术

（一）油菜渍害及排水技术

1. 油菜渍害及其特点

土壤水分过多或地面渍水对油菜的生长发育造成阻碍便形成渍害。南方油菜产区前茬多为水稻，由于长期淹水，理化性质较差，供肥能力较低，是稻茬油菜产量较低的重要原因。特别是由于长期的湿耕湿耙使犁底层上升，土壤通气透水能力变差，通气孔隙减少，影响土层水分的下渗和排除，雨后耕层渍水严重。

油菜渍害产生的主要原因是根系密集层土壤含水量过大，使根系较长时间处于缺氧的不利环境之下，导致植株产生无氧呼吸，使植株在形态解剖、生理和代谢过程等方面产生变化，根系活力迅速衰退，对水分和无机物的吸收下降，造成生理干旱，使同化作用受阻，地上部生长发育不良，或严重脱水而引起凋萎或死亡。此外，土壤中氧气不足，抑制了好气性细菌活动，利于各种病菌的滋生，也恶化了土壤的理化性质。

在土壤含水量40%左右的条件下，越冬期、薹期、花期和角果发育期的油菜都有明显的渍害症状产生，其中苗期和角果发育期对渍害最为敏感。发生渍害的油菜，叶色变淡，黄叶出现早而多，表土层须根多，支根白根少，植株生长弱，叶片或角果现紫色，严重者出现烂根而植株死亡。花期若水分太多，再加上偏施氮肥，极易出现倒伏或贪青晚熟，容易引发菌核病。

2. 油菜防渍与排水技术

（1）选用耐湿性强的品种　在容易发生渍害、地下水位较高以及低洼地，应选用耐渍性较强的品种。

（2）整地与开沟　在稻油两熟地区，为保证油菜正常播种，对于排水不良的烂泥田，可在水稻收获前7～10天四周开沟排水；若残水难于排干，可采用高畦深沟栽培方式，这种方式有利于降低地下水位，促进根系发育和产量的提高。对土质黏重、田块面积较大以及排水不易的田块，应当提早开沟排水，并加深排水沟。整地时注意开好“三沟”（厢沟、腰沟、围沟）。一般板田、低垄田要深开沟，田块大、地势低的还要多开厢沟，陡岸田和田开背沟和中沟。

一般排水不良的积水地区，往往地下水位也较高，因而在排水时要考虑综合措施，既要排除地表径流，又要降低地下水位。目前生产上推行的深沟高畦排水措施，效果很好。其做法是：在播前或移栽前结合其他管理措施开沟做畦，畦宽150厘米左右，一般沙质土透水性良好，可适当放宽厢面；黏重土透水性差，畦面可窄一些。在特别低洼和多雨地区，为使土壤易于干燥，可采用窄畦拱背的方式。沟的深度以畦沟26～33厘米、腰沟33厘米以上、围沟50厘米以上为宜。地下水位高的地块，围沟的深度应大于耕作层。

（3）根据植株生育期与气候特点加强管理与排水　长江中下游常有秋旱，秋旱过后，又常出现阴雨连绵的天气。在稻—稻—油菜三熟制的条件下，土壤排水不良，直播油菜的幼苗易发生猝倒病，影响全苗。田间湿度大的田块，油菜苗长势普遍较弱，有的出现僵苗、黄化苗、死苗现象，有的发芽率较低。移栽田排水不良或油菜移栽后遇持续阴雨天气造成叶片短小狭窄，茎基部叶片发黄，上部叶片的叶尖有时出现萎蔫，生长十分缓慢，严重时出现烂根死苗。对这类渍害型弱苗，应清沟沥水，降低地下水位，并结合中耕增施火土灰或腐熟的堆肥、厩肥，以提高地温，增强土壤的通气性、透水性。对湿度大土壤黏重的田块还应撒施适量草木灰于厢面。

长江中下游另一个气候特点是春季雨水多、低温寡照、通气不良，不利于油菜根系发育。开花期与角果期雨水偏多则植株受渍早衰，影响产量品质。因此，在立春后雨季到来之前及时清理沟道，防止雨后受渍。对排水沟深度不够或不畅通的，应及时加深理通，以降低田间湿度，防止渍涝灾害发生。

（二）油菜旱害及防害技术

1. 油菜需水特点

油菜生长比较适宜的土壤含水量为：播种到五叶期20%～25%，蕾薹22%～30%，开花期26%～30%，角果发育期20%～25%。油菜每形成1克干物质蒸腾耗水量达350～900克。高产油菜一生需水量每亩为246～310立方米。油菜不同生育期日均需水量（立方米/亩）不同：苗期0.85立方米/亩，蕾薹期1.37立方米/亩，花期1.89立方米/亩，角果发育成熟期1.20立方米/亩，因此油菜生长发育盛期需水最多。油菜的最大需水期是开花期，水分敏感期是蕾薹期。

油菜播种时若土壤湿度降至10%～15%则严重影响出苗和全苗，移栽油菜苗受旱则叶片易黄化脱落甚至不能成活。抽薹后植株缺水，中午下部叶片萎蔫，严重时早上叶片也出现萎蔫。薹花期缺水则花牙分化数减少，分枝短，花序短，花器脱落严重，单株角果数减少，产量明显降低。角果发育成熟期是油菜种子内容物充实期，也是每果粒数、千粒重的决定时期。此时常遇高温艳阳、干热风劲吹的天气，造成高温逼熟，千粒重降低，产量和品质下降。初花及角果开成期进行灌溉或增加土壤湿度，增产十分显著。

2. 油菜防旱及灌溉技术

油菜在播种前土壤墒情较差时，应浇底墒水。一般浇水时间应提前7～8天进行，灌水后，及时耕耙整地。旱地要注意及时耙磨，蓄水保墒，力争足墒下种。

苗期虽然日需水量不大，但苗期时间长，总需水量是最多的。此时缺水会导致幼苗生长瘦弱，减少单位面积株数和单株有效分枝数，尤其是第一次分枝数。长江流域的油菜苗期特别是苗前期（冬至前），秋季干旱降水少，田间蒸发量大，常出现严重干旱，导致油菜幼苗生长缓慢，出现“老、小、弱、僵”苗现象，直接影响安全越冬。苗期水分管理应做到“十六字”：“浇水保苗、藻水发根、以水调肥、以水调温”，适时灌溉培育壮苗。具体来说，播种出苗期若遇干旱，整地时灌水整地，播种后浇施稀粪水，保证安全出苗和出全苗、齐苗。移栽和移栽后浇施稀薄粪水或尿素水，确保成活快。移栽苗开始生长或直播苗三叶期以后，引水沟灌促进根系生长期根系生长，促进根系对养分的吸收。在冬季寒冷时，可在入冬前灌水提高土壤温度，缩小土壤昼夜温差，防止或减轻冻害死苗现象。

蕾薹期要结合施蕾薹肥进行浇水，水肥并用，促进油菜生长，搭好丰产架子。

花期灌水应根据土壤肥力和植株长势而定。若土壤肥力高，生长十分繁茂，田间郁闭严重，可推迟灌水或不灌，以水控肥；相反，植株长势差时，则应早灌多灌，以水促肥。一般开花期可灌水1～2次。角果发育期适宜水分能提高粒重。保证品质，酌情灌水不能忽视。

（三）干热风危害与防治

干热风，也称“干旱风”、“火风”、“热风”，是长江流域常见的农业气象灾害。出现干热风的气象要素主要表现为：天气少雨干燥，气温偏高多风。其一般指标是，农田小气候在午后14:00时前后空气相对湿度≤30%，日最高气温≥30℃，风力≥3.0米/秒，俗称“三三制”。气象要素越大于此指标，为害越重。

因为干热主要发生在油菜角果发育成熟后期，可导致油菜植株体内营养物质向种子的运送受阻，造成种子充实度下降，瘪粒增加，千粒重减轻。最后造成高温逼熟，产量品质下降。因此在干热风期间，要注意水分供应，有条件的地区最好采用喷灌，以水调温，以水调湿，改善田间小气候，减轻干热风为害程度。

（四）油菜冻害及其防治技术

1. 油菜冻害的特点

油菜越冬期间，或早春寒潮期间，当气温降至 -3～ -5℃时，油菜就会遭受冻害，-7～ -8℃受害较重。冬性强的品种能抗 -10℃以下的低温。冬季低温和大风会加重油菜冻害。抽薹开花期对低温敏感。

油菜冻害可表现在地上部和地下部。

地上部冻害包括：叶片、茎秆、蕾薹、幼果。叶片受冻害是最普遍的，受冻叶片初呈烫伤状，持续低温会导致细胞间隙内水分结冰，使叶片组织受冻死亡；早春寒潮期间如果温度不是太低，叶片下表皮生长受阻，而其余部分继续生长，则导致叶片呈现凹凸不平的皱缩现象。油菜现蕾抽薹，抗寒力最弱，只要温度在0℃以下时，就会出现冻害。薹受冻之初呈水烫状，嫩薹弯曲下垂，茎部表面破裂，是鉴定品种是否耐冻的一个主要标志。冻害严重时，即使能开花，也会结实不良，特别是主花序出现分段结实现象。

地下部冻害，苗期表现为根拔现象。根拔是指弱小或扎根不深的油菜苗，若遇夜间 -5～ -7℃的低温，土壤结冰膨胀，幼苗根系被抬起；白天气温回升，冻土融解，体积变小下沉，幼苗根系被扯断外露的现象（如被人为拔起一般）。出现根拔现象的幼苗，若再遇冷风日晒，则会大量死苗。直播田块的根拔现象最为突出。

2. 油菜防冻技术

除了低温影响外，偏施氮肥、早薹早花等会使冻害加重。生产中应针对产生冻害的原因，采取综合性的防冻措施。如选用抗寒性强的品种，根据品种特性合理安排播期，冬性较强的品种适当早播早栽可增加干物质积累，实现壮苗早发并提高抗冻能力。同时还可结合以下技术措施防止冻害：

（1）早施苗肥，重施腊肥，培育壮苗防冻　油菜冬前营养生长良好，形成强大的根系，有利于抵御低温冻害能力的提高。因此冬前应抓住有利时机早追苗肥，特别是晚栽的小苗和迟播的苗，要尽早中耕松土、施肥、间苗、补苗。越冬前于12月上中旬重施腊肥，有助于提高土壤温度。据试验，越冬前后在油菜行间垄施猪牛粪或土杂肥等有机肥料，可提高土壤温度2～3℃。

（2）培土壅根防冻害　结合施腊肥进行中耕除草和培土，培土高度一般以第一片叶基部为宜，这样既能疏松土壤、提高土温，又能直接保护根部，有利于根系生长，防止严冬发生根拔以及后期倒伏。冬前用土杂肥、草木灰、作物秸秆或稻草盖油菜苗，能减轻冷空气的侵袭，弥合土缝，防止漏风吊苗，减轻冻害。

（3）灌水增湿防冻　封冻前1个月，日平均气温下降到3～5℃时灌一次越冬水。可缩小土壤昼夜温差，改善田间小气候，缓和低温伤害，防止干冻死苗。越冬水要浇足、浇透，以田间不积水为限，浇后外露的根基要适时重新培土。

（4）喷施调节剂　对播栽早、长势旺、有徒长趋势的油菜田，在越冬前喷施多效唑或烯效唑，可以预防或减轻冻害。

（5）摘除早薹早花防冻　春性或半冬性早熟品种如播种移栽过早，或土地瘦、地旱缺墒等原因会引起油菜在越冬时出现早薹早花现象，植株容易受冻。对已经出现早薹的油菜，要抓紧时间摘薹，要在薹高 30 厘米以下时摘薹，长度以2～3 节为宜。最好在抽薹13～17 厘米高时摘去薹尖6～9 厘米。要选择晴天、气温较高时摘去主薹，促进下部一次分枝的发育，增加角果数，减轻冻害损失。摘后必须追施一次速效性氮肥，使植株体内养分得以补偿，以促进其伤口尽快愈合恢复生长，促发分枝，增加着果部位。弱苗多施，旺苗少施。

八、主要病虫害防治技术概要

（一）油菜菌核病防治技术

1. 发病症状及规律

菌核病又称“菌核软腐病”、“茎腐病”，农民也称“白秆”、“麻秆”、“霉蔸”等，是为害最大的一种真菌性病害。一般发病率为10%～30%，特殊年份可达80%以上。油菜感病后，角果数和角粒数显著减少，千粒重下降，一般减产10%～30%，重病区减产可达30%以上。

油菜的幼苗、叶片、茎秆、花瓣、角果和种子均可被感染，全生育期都能发病，尤以盛花期最重。早期多侵害基部叶柄，发病叶先出现圆形水渍状病斑，后变青褐色，有轮纹，生灰白霉；病茎起初出现淡褐色水渍状病斑，后转为灰白色，高温时病部软腐，表面生有白霉，干燥后表皮破裂如麻丝，病部以上的枝叶凋萎变黄，病茎内部被破坏，腐烂成空心，并生有白霉及黑色鼠粪状物，致使分枝或整株死亡。果荚受害后变白，种子瘦瘪，产量和含油率降低。当油菜因长势过旺而倒伏时，则病害更加严重。

菌核病原菌在土壤、种子和油菜病株残体中越夏。次年2～4月，随着气温回升和雨水增多，土壤中的菌核可直接萌发产生子囊盘。子囊盘释放出大量子囊孢子，随气流传播。子囊孢子在植株表面萌发产生菌丝，可直接从表皮细胞间隙、花瓣、伤口和自然孔口侵入。田间传播主要靠子囊孢子大量侵染花瓣，感病花瓣大量脱落到叶片上引起叶片发病；叶片病斑扩展蔓延至茎上或病叶腐烂后粘附在茎上，引起茎秆发病。另外，发病的茎秆或枝叶与无病的茎秆、枝叶接触也会引起病害的再侵染。当春季雨水较多，或者地块低洼，气温适宜时，菌核病发生严重。氮肥施用过多或过迟，易发病，重茬地最易发病。

2. 菌核病的防治

(1) 综合防治　选用中双 9 号、中油杂 2 号、中油杂 11、华双 3 号等抗病品种，同时综合采用以下防治措施。

防止种子带菌。在油菜收获时，选无病或性状优良的植株，取其主轴中段留种。或在播种前先筛去混杂在种子中的菌核，然后用0.5～0.75 公斤食盐或0.5～1 公斤硫酸铵，兑水 5 公斤选种，除去上浮的秕粒和菌核，用清水冲洗干净后再播种。

实行轮作，清洁田园。苗床、大田不重茬。油菜收获后，将在田间、路旁和脱粒场等处的病残体彻底清除，集中烧毁。如用作堆肥必须高温发酵。禾秆渣子不能直接施入大田作肥料。

加强田间管理。开沟排渍，做到雨住田干。合理密植，减少田间荫蔽。一般高肥力的田块以每亩8 000株左右为宜。重视施基肥，增施磷钾肥，早施薹肥，避免薹花期过量施用氮肥。做好中耕培土，及时摘除病、黄、老叶，随即带出田外，减轻病菌蔓延为害。

(2) 化学药剂防治　在油菜初花到盛花期，叶病株率达10%以上，茎病株率在 1%以下开始喷药防治。可轮换使用以下药剂，每隔7～10 天喷1 次，连喷2～3 次；40%菌核净可湿性粉剂1 000倍液喷雾或 3%菌核净粉喷粉；200%施宝灵悬浮液2 500～3 000倍液喷雾；70%甲基托布津可湿性粉剂1 000倍喷雾；50%扑海因可湿性粉剂 600 倍液喷雾；50%速克灵可湿性粉剂1 000倍液喷雾。

（二）油菜蚜虫、菜青虫防治技术

1. 蚜虫及其防治

蚜虫又称蜜虫、腻虫、油虫等，是油菜最主要的害虫之一。蚜虫主要有桃蚜、萝卜蚜及甘蓝蚜3种，均以成蚜和幼蚜在油菜的叶、茎和花梗上吸汁，为害严重时植株萎缩、生长停滞以至枯死。蚜虫也是传播油菜病毒病的重要媒介。

油菜全生育期都可遭受蚜虫为害，干旱地区和干旱年份发生尤为严重，以春秋两季发生量较大。冬油菜区蚜虫为害盛期是幼苗期，开花期也有蚜害，局部为害较重。油菜播种后，如气温适宜(16～17℃)，降雨少，天气干燥（相对湿度76%以下）常引起大发生。连续降雨或大暴雨，对其繁殖和迁飞均不利。蚜虫密集在叶背、菜心、茎枝和花轴上，刺吸组织汁液。萝卜蚜和甘蓝蚜主要在嫩叶、菜心和花序幼嫩部分为害。桃蚜常在老叶背面为害。被害后，叶片形成褪色斑点，继而卷缩变形、生长迟缓直至枯死；嫩茎和花轴生长停滞、畸形，角果不能正常发育，严重可致植株枯死。油菜蚜虫一年发生10～40代。冬油菜区8月中下旬开始向油菜上迁飞，迁飞高峰期第一次是10月下旬，第二次是11月下旬，第三次是翌年2月中下旬，蚜虫迁飞的早迟与种植密度稍好地温湿度有关。

在防治上掌握早治，连续治，彻底治的原则，把蚜虫消灭在为害之前。经常保持油菜苗床和本田土壤湿润；秋季蚜虫迁飞之前，铲除田间、田边杂草；油菜播种后在油菜田间或空地上，设置涂有机油、凡士林的黄色板诱杀蚜虫；药剂防治使用2.5%溴菊酯10毫克/公斤，20%杀来头菊酯乳50毫克/公斤及2.5%敌百虫粉等。

2. 菜青虫及其防治

菜青虫是一种重要害虫。幼虫啃食叶肉留下一层薄而透明的表皮，或将近叶片吃光只剩主脉和叶柄，以致植株枯死。

菜青虫一年发生3~9代，且可以世代重叠。为害油菜主要是在9~11月发生的7~9代。菜青虫在秋季以蛹在菜园地附近干燥向阳的屋墙、篱笆、落叶、杂草及土堆等处越冬，翌年春羽化为成虫，以后30天左右幼虫开始为害油菜。所以菜青虫对油菜的为害轻重与虫源和气候状况有关，其幼虫生长的最适温度为25℃左右，最适湿度为相对湿度76%左右。靠近菜园地、住宅区的油菜田，由于虫源多，受害严重。

油菜田在冬季要清除杂草，消灭越冬的虫蛹。喷药应掌握在幼虫三龄以前。

(1) 生物防治　用Bt乳剂或青虫菌粉剂500~800倍液、1.8%害极灭乳油4 000倍液等喷雾。

(2) 化学防治

①用5%抑太保乳油2 000倍液、10%除尽悬浮剂2 000倍液喷雾、50%辛硫磷乳油1 000倍液或20%三唑磷乳油700倍液等。

②也可采用昆虫生长调节剂，又名昆虫几丁质合成抑制剂。如国产灭幼脲1号或20%、25%灭幼脲1号胶悬剂500~1 000倍液，常采用胶悬剂的剂型，喷洒后耐雨冲刷，药效可维持半月以上。

（三）油菜草害及其防治技术

1. 常见油菜田杂草发生的特点

油菜田杂草可分为禾本科杂草和阔叶杂草两类。禾本科杂草主要有看麦娘、牛毛草、早熟禾，以及棒头草等；阔叶杂草主要有牛繁缕、猪秧秧、水花生、婆婆纳等。杂草对油菜的为害主要表现在：一是与油菜争肥、争水、争空间，严重影响油菜正常生长发育；二是杂草生长迅速易造成田间荫蔽，增加田间湿度，诱发油菜有菌核病、霜霉病等病害的发生为害；三是人工防除杂草时容易损害油菜根系，影响油菜生长。

2. 杂草防治技术

（1）综合防治　通过与水稻等作物实行水旱轮作，消灭土壤中杂草种子、根、茎等繁殖器官。早期在油菜行间种植速生作物，抑制杂草生长，并在适当时间将其翻埋作绿肥。及时中耕除草，不断清除草害。也可尝试实行宽窄行种植，窄行内油菜密度较大，作为优势种抵制杂草生长，应用小型机械除草机很容易除去宽行内的杂草。

（2）化学除草技术　除草剂的选择要综合考虑杂草种类、杀草效果、对油菜的安全性以及施用方法简单易行等因素。严格按规定的用量、方法和时间用药。喷施后彻底清洗喷雾器，清洗的水要防止流向其他作物田块造成伤害，也要避免残留除草剂对环境的污染。

①防除老草：在油菜播种前7～10天使用可灭生性除草剂，以杀灭田块内所有杂草和不需要的作物幼苗，便于油菜整地播种。每亩用10%的草甘膦500～600毫升，也可用20%克无踪100～150毫升，兑水40～50公斤进行喷雾。

②苗前处理：触杀性除草剂应在播种后马上使用，喷施在土壤表面以形成一层药膜，待杂草萌发出苗（杂草比油菜出苗早、快）接触到药膜即可被杀死。防止杂草出土是防治杂草最理想的除草方案，直播田油菜一般在播种覆土后1～3天内，每亩用35%一锄可湿性粉剂50～60克，或90%禾耐斯乳油45～60毫升，兑水40～50公斤均匀喷雾于土表。移栽田油菜，选用的药剂品种和用量与直播油菜相同，只是用药时间不同，应选择在移栽前3～5天喷雾。

③选择性防治：油菜出苗后最好使用选择性除草剂。如果田间杂草种类多，则可选用触杀性或灭生性除草剂，但一定要采取措施防止药液喷到油菜叶片上，造成油菜死苗。

以禾本科杂草为主的田块，应掌握在杂草3叶期左右，每亩选用10.8%高效盖草能乳油20～25毫升、6.9%威霸乳油30毫升、12.5%拿捕净机油乳剂80～100毫升、10%禾草克乳油50～70毫升或15%精稳杀得乳油45～65毫升。

如遇繁缕等阔叶草为主的田块，可掌握在直播油菜6～8叶期，移栽油菜返青后，每亩用30%好实多乳油50毫升，或高特克25～30毫升。

单、双子叶杂草混生的田块，可在油菜5叶期后选用上述5种杀禾本科杂草的配方任一种，加50%高特克悬浮剂25毫升。或单独选以下任一种进行防除：每亩用17.5%快刀乳油100～120毫升，17.5%油菜双克60～75毫升。

以上药剂均兑水40～50公斤喷雾于杂草茎叶上。

九、油菜收获与上市销售

（一）油菜收获技术

1. 适时收获的意义

油菜为无限花序，边生长边开花，群体花期达 30～40 天。油菜一般主茎花轴开花最早，接着是各级分枝开花，而一个花序则是花序基部的花蕾先开花，再向上推移。

油菜成熟过程一般可分为绿熟期、黄熟期和完熟期。绿熟期是主轴上的角果 80%以上呈黄绿色，一次分枝上 90%左右的角果仍为绿色。种皮同角果的色泽基本一致，此时种子含水量较高，种子的灌浆过程没有完成，此时收若获晒干脱粒，绝大部分的种皮呈现红色皱缩、瘪粒多、千粒重低，含油量只相当于正常成熟种子的70%～80%。黄熟期是指主轴角果呈现枇杷黄色，一次分枝上 70%左右的角果呈现黄绿色，仅在基部和少数二次分枝上的角果为绿色或即将褪色。此时收获，种子部分仍为红褐色，千粒重和含油量均未达到最高水平。完熟期指全田 90%以上的角果呈现黄色，10%以下的角果为枇杷黄绿色，绝大部分角果失去光泽，一些易落粒的品种，主轴中下部角果在气温较高的中午，触之或在风力摇摆中易裂角落粒，千粒重与含油量已达到最高水平。

同一田块中的油菜由于开花时间早晚不同，角果的发育程度不同。如果等到全部角果成熟才收，则成熟的角果落粒严重。如果在花序下部的角果刚熟时就收，则大多数种菜籽尚未充实，籽粒不饱满，油脂转化过程没有完成，产量和含油量均低。因此，科学地确定油菜的适宜收获时期是优质高产的关键。

2. 适时收获的标准与时间

油菜籽的收获一般是在油菜冬花后25～30天。此时油菜八成熟，种子的重量和油分含量接近最高值。因此，油菜产区有“八成黄，十成收；十成黄，两成丢”；“角果枇杷黄，收割正相当”的说法。此时，大田植株约2/3的角果呈现黄绿至淡黄色，主花序基部有果开始转现枇杷黄色；分枝上尚有1/3的黄绿色角果，并富有光泽，只有分枝上部尚有部分绿色角果，故称“半青半黄”期；大多数角果内种皮已由淡绿色转现黄白色，颗粒大饱满，种子表现本品种固有光泽；主茎和要枝叶片几乎全部干枯脱落，茎秆也变为黄色。

若以种子色泽的变化来作为适宜收获期的标准可摘取主轴中部和上、中部一次分枝中部角果共10个，剥开观察籽粒色泽，若褐色粒、半褐色粒各半，则为适宜的收获期。

一天中油菜的适宜收获时间也要注意。因早晚气温低，湿度大，不易裂角落粒，所以收获时要注意做到晴天早晨割、傍晚割、带露水割。阴天则可全天割。农谚称之为“要不丢、早晚收”；“上白中黄下绿，收割不能过午”。

3. 收获方法

我国南方油菜收获主要依靠人工完成。由于人工工作效率低，劳动强度大，不包括脱粒在内1天人均只能收割1亩，因此如果收获不及时，会影响到后作农时，而且人工收割时的摊晒、搬运、脱粒带来的损失率达到10%。

人工收获主要采用割收、拔收等方法。拔收由于费工多，干燥慢，脱粒时泥土易混入种子中，影响种子的品质和出油率，一般较少采用。割收与拔收相比省工、干燥快；脱粒时泥土不会混入种子，种子净度高，商品等级高。我国大部分油菜产区采用割收，直播油菜尤为普遍。但收割后较多菌核会随残茬落入田中，后熟作用也较差。

收获时应注意分田块单收，单独脱粒，防止器具和晒场的机械混杂。收获过程应力争做到“割茬低，不带泥，割整齐，不掉粒”，以及轻割、轻放、轻捆、轻运，力求在每个环节上把损失降到最低限度。还应注意边收、边捆、边拉、边堆，不宜在田间堆放晾晒，防止裂角落粒和种子霉烂发芽。

4. 油菜堆垛后熟及翻晒脱粒

刚收获的油菜籽往往需要经过一个从收获成熟到生理成熟的过程。种子在收获以后，或者脱离植株后仍然进行上述生理代谢过程，称之为后熟作用。在成熟过程中，植株中部的营养物质仍可继续向角果运送，同时种子仍然进行着大量的合成作用和胚的发育，籽粒内部简单物质也逐渐转变成复杂的高分子物质。因而后熟作用有利于提高油菜籽的千粒重，改善油菜籽品质，提高油菜籽的出油率约0.5～1.0个百分点。完成后熟作用的油菜种子内的酶类转变为结合的休眠状态，从而有利于油菜籽安全贮藏。后熟还有利于菜籽制油蒸炒操作，制取的毛菜油色泽淡，酸价低，脱磷操作顺利。

将收获的油菜随即叠堆或上堆 7 天左右，即可使种子在母体上完成后熟过程。人工收获的油菜应及时运出田外堆垛后熟，然后再翻晒脱粒。捆好的油菜应交错上堆，堆心不能过实以利通气散热。堆放油菜时应把角果放在垛内，茎秆朝垛外，以利后熟。堆项用稻草或薄膜覆盖，防止雨水浸入，堆垛后要注意检查垛内温度，防止高温湿导致菜籽霉变。一般堆放4～6 天后，即可抓住晴天晾晒脱粒。

堆垛后熟的油菜要在晴天清晨及时散堆，均匀铺在晒场摊晒，厚度不宜超过 33 厘米，连枷拍打可稍薄一些。上午翻抖一次，中午可用石碾或拖拉机碾压，油菜成熟先后不一，要反复碾压，随碾随翻，基本脱粒干净后，清除秆、壳、渣，把种子晒干扬净。脱粒后的种子一般含水量为15%～30%，不宜马上装袋堆放，否则易发热霉变，应采用晾晒、烘干等方法，使含水量低于

9%时装袋存放。

（二）种子的入库贮藏

在不适宜的温度和水分条件下贮藏，油菜籽容易出现结块、霉变现象。油菜籽发热霉变后，对出油率会有不同程序的影响；籽粒表面有白霉点，擦去霉点皮色正常的或皮色变白，肉色保持淡黄的，不影响出油率；皮壳破烂，肉质成白粉状的，则不出油。

1. 严格控制含水量

油菜种皮较薄，组织疏松，且籽粒细小，表面积大，在入库及仓储过程中极易吸水潮解，影响种子质量。当水分含量超过8%～9%时，少数干生霉菌就会发生繁殖，逐渐造成种子霉变。如果把含水量为7%～8%的油菜籽堆入在密封条件不好的仓库内，在湿度较高的情况下，油菜籽的含水量只需7～8小时就会升到19%。如果油菜籽含水量在13%以上时，可在一夜之间全部霉变，籽粒表面变成灰白，温度能突升10℃以上，但开始并无明显现象。因此，及时检查库存油菜籽的水分状况至关重要。

菜籽水分应降到8%～9%时入库。检验其含水量是否达到安全贮存标准的简单方法为：抓一把油菜籽平摊在桌面上，用瓦片重压，有脆声；手抓一把菜籽，籽粒可以从拳头两端或指缝中向外流出；或手搓菜籽发生沙沙的响声，表明油菜籽干燥状态良好，如空气相对湿度在85%以上，种子选手很快吸湿潮解，含水量上升到10%以上，因此阴雨天不宜入库。

在仓贮期间，应勤检查与开仓换气。开仓换气把潮湿空气排出仓外，进入干燥空气。但在仓外相对湿度大于仓内时，不能开仓换气。一般刚入库收藏的种子在3～5天内检查一次，以后每隔10天检查通风为好。如发现含水量升高，要及时采取措施进行晾晒。当水分下降到规定标准后，应注意密闭良好，以防种子吸湿。

2. 严防发热霉变

温度愈高，油菜籽呼吸作用愈强，有机物质的消耗愈大，油菜籽品质下降越快。因此，应通过控制温度将油菜籽的呼吸控制在极微弱的范围内，既能维持起码的生命机能，保持其正常机体不受病菌侵害，又能将其消耗降至最低限度，使油菜籽处于休眠状态，达到保持油菜籽品质的效果。

贮藏前后充分降温，以防种子堆内温度过高，发生“干烧”现象而造成损失。因为刚经烈日晒过的油菜籽大量入库，由于库房密封条件好，如入库后立即关闭仓门，种温高于仓内温度，温差较大，由种子散发出的热蒸汽遇冷后易在种堆表面形成雾滴，使种堆局部积聚水分，发热变质。热种子入库后要待种子充分冷却后再关闭仓门。一般结合风选，充分降温散湿，同时可清除尘埃杂质及病菌等，增强贮藏稳定性。

在良好的气温条件下，高温会使种子呼吸作用加快，大堆存放的种子堆内极易发热，最高温度可达到70～80℃，因此库房应密封条件好，种堆温度夏季不宜超过28～30℃，春秋季不宜超过13～15℃，冬季不宜超过6～8℃，如种温高于仓温3～5℃就应采取措施通风，降温散湿。

我国冬油菜产区油菜收获脱粒后，恰遇夏季高温、高湿季节，油菜籽的含水量容易升高，水分常在20%以上，高的可达50%左右，若含水量超过12%时，就很容易在短期内发热霉变。必须进行紧急抢救处理。在这种情况下，可采用塑料薄膜密封加磷化铝熏蒸，即将湿油菜籽用塑料薄膜严密覆盖，四周用泥土压实封紧，不让透空气流通，每立方米投放磷化铝3～4片。这是应急措施，保存时间不可超过1周，应待机晾晒，防止继续发热。在启封时、严禁人员进入薄膜内，因为经过一段时间，膜内充满二氧化碳，有使人窒息的危险。

3. 合理堆放

油菜籽入库必须按含水量大小、品质好坏分别堆放。一般含水量在8%~9%以下，杂质不超过5%的菜籽，适于长期贮存，可堆放1.5~2.0米高，包装12包高。含水量在10%~12%的菜籽，散装1米高，包装6~8包高，并且只能短期贮藏。含水量12%以上的油菜籽应抓紧处理，否则随时都可能发热霉变。同时应合理堆放，严格检查。散装菜籽，堆垛下应铺垫圆木、木板和芦席，使堆放菜籽与地面隔离，堆垛与墙壁也不应少于50厘米距离。袋装贮藏，应堆成“工”字形，“井”字形或“金钱形”，以利通风透气。

（三）菜籽上市销售

目前，我国长江流域油菜主产区生产的油菜，除部分自产自消（农民自己榨油食用）外，大部分作为商品上市销售。销售途径主要有3种形式：订单销售、代理商上门收购和农户送货上门。

1. 订单销售

地方政府或“龙头”企业基于市场调研，根据终端用户的需求或生产某些特殊用途的油制品的需要（如保健油、高级色拉油等)，在油菜插种前发布信息，并与农户签订来年油菜籽订单(合同)，农户按照订单约定（品种、品质、数量）组织生产。

订单销售作为“双低”优质油菜产业化很重要的一个环节，对于保证植油大户的利益、推动“双低”油菜生产的普及，提高产品品质和竞争力具有特别重要的意义。地方政府通过推动油菜的订单销售，培育当地油菜产业的发展，使油菜产业成为区域经济发展新的增长点。广大农户要相信政府，积极踊跃地签订合同，合理安排生产。按照合同规定，种植符合国家标准的商品油菜，企业通常会给予优质优价政策，农户收益较高。

2. 代理商上门收购

目前这个渠道比较混乱，代理商比较多，有大公司的代理商，也有小企业、小油厂的代理商，当然还有一些投机商。农户要善于辨别，多方位了解油菜市场行情，在价格行情不明的情况下，任凭代理商巧言令色，不要轻易出售。另一方面要该出手时就出手，避免惜售错过价格高峰，造成经济损失。

3. 农户送货上门

送货上门的农户要预先了解买家对菜籽的质量需求、价格行情等。不同的买家对产品的质量，如含水量、含油量、杂质等的要求有所不同，还有一些企业可能规定只收购指定油菜品种的商品籽等，要了解清楚之后再送货上门。

板茬直播油菜

板茬直播油菜苗

播种

谷林套播油菜(水稻离田之后)

机播的油菜苗

机器耕作

机械收割(1)

棉田套栽油菜(棉秆已拔除)

手工收获的油菜

油菜花

机械收割(2)